工业和信息化
精品系列教材

Python技术

黑马程序员◉编著

附教学资源

Python 数据预处理

人民邮电出版社
北京

图书在版编目（CIP）数据

Python数据预处理 / 黑马程序员编著. -- 北京 : 人民邮电出版社, 2021.7
工业和信息化精品系列教材. Python技术
ISBN 978-7-115-56206-7

Ⅰ. ①P… Ⅱ. ①黑… Ⅲ. ①软件工具－程序设计－教材 Ⅳ. ①TP311.561

中国版本图书馆CIP数据核字(2021)第054083号

内 容 提 要

数据预处理是数据分析、数据挖掘或人工智能中必不可少的环节，它通过一定的方法将存在诸多问题的低质量数据处理变成高质量数据，在一定程度上提高数据分析或数据挖掘等工作的效率。

本书以 Jupyter Notebook 为主要开发工具，采用理论与实例相结合的形式，全面地介绍数据预处理的相关知识。全书共 8 章，其中第 1 章介绍数据预处理的入门知识；第 2～6 章介绍科学计算库 NumPy 和数据分析库 pandas，以及通过 pandas 库实现数据获取、数据清理、数据集成、数据变换和数据规约的功能；第 7 章介绍数据清理工具 OpenRefine 的安装及使用；第 8 章结合前期的核心知识进行实战演练。除第 1 章外，其他章均配置了丰富的示例或案例，读者可以一边学习一边练习，巩固所学的知识，并在实践中提升实际开发能力。

本书附有配套视频、源代码、习题、教学课件等资源。为帮助初学者更好地学习本书中的内容，本书还提供了在线答疑。

本书既可作为高等院校计算机相关专业的专用教材，也可以作为相关技术爱好者的入门用书。

◆ 编　　著　黑马程序员
责任编辑　初美呈
责任印制　王　郁　彭志环

◆ 人民邮电出版社出版发行　　北京市丰台区成寿寺路 11 号
邮编　100164　　电子邮件　315@ptpress.com.cn
网址　https://www.ptpress.com.cn
北京联兴盛业印刷股份有限公司印刷

◆ 开本：787×1092　1/16
印张：11.25　　2021 年 7 月第 1 版
字数：278 千字　　2024 年 12 月北京第 8 次印刷

定价：39.80 元

读者服务热线：(010)81055256　印装质量热线：(010)81055316
反盗版热线：(010)81055315
广告经营许可证：京东市监广登字 20170147 号

前言

Preface

从某种意义上来说，人工智能已悄然进入我们的生活。人工智能依托大数据、机器学习、数据分析等新兴学科，而这些学科始终离不开“数据”这一话题。现实中的数据大多是具有缺失值、重复值等问题的“脏”数据，无法直接被应用到人工智能设备。为提高数据的质量，数据预处理技术应运而生。

数据预处理是数据分析、数据挖掘或人工智能中必不可少的环节。本书站在初学者的角度，循序渐进地介绍 Python 数据预处理的相关知识，并通过介绍一些比较优秀的数据预处理工具的使用，帮助读者掌握数据预处理的操作方法。

在内容编排上，本书采用“理论知识 + 代码示例 + 案例练习”的模式，既有普适性的介绍，又提供充足的示例或案例，确保读者在理解核心知识的前提下可以做到学以致用；在知识配置上，本书涵盖了数据预处理的常用库及工具。通过学习本书，读者可以全面地掌握 Python 数据预处理的核心知识，具备开发简单程序的能力。

本书在编写的过程中，结合党的二十大精神进教材、进课堂、进头脑的要求，在给章节设计案例时，注重网络数据的保密性、完整性、可用性、真实性，帮助学生形成网络安全的意识，遵循法律法规和道德规范，保护用户隐私和数据安全，为数字中国建设贡献力量。此外，编者依据书中的内容提供了线上学习的视频资源，体现现代信息技术与教育教学的深度融合，加快推进教育数字化。

本书以 Windows 操作系统上的 Jupyter Notebook 为主要开发工具，对数据预处理知识进行讲解，全书共 8 章，各章内容分别介绍如下。

第 1 章主要介绍数据预处理的入门知识，包括数据预处理的概念和用途、常见的数据问题、数据预处理的流程及常用库、开发工具与环境等。通过本章的学习，读者将对数据预处理建立初步的认识，并可搭建开发环境，为后续学习做好准备工作。

第 2 章主要介绍科学计算库——NumPy 的相关知识，包括数组对象、创建数组、访问数组元素、数组运算、数组操作和数组的转置等。通过本章的学习，读者可以灵活地使用 NumPy 操作数组，为后续的学习奠定扎实的基础。

第 3 章主要介绍 pandas 库的基础知识，包括数据结构、索引操作、数据排序、统计计算与统计描述等。通过本章的学习，读者能掌握 pandas 库的基础操作，为后续的深入学习打好基础。

第 4 章首先介绍使用 pandas 库获取 CSV 文件、TXT 文件、Excel 文件、JSON 文件、HTML 表格及数据库中的数据的方法，然后介绍使用 python-docx 库获取 Word 文件中的数据的方法，最后介绍使用 pdfplumber 库获取 PDF 文件中数据的方法。通过本章的学习，读者能够熟练地从各种格式的文件中获取数据，为预处理做好数据准备。

第 5 章主要介绍数据清理的相关内容，包括数据清理概述、缺失值的检测与处理、重复值的检测与处理、异常值的检测与处理等。通过本章的学习，读者能够掌握数据清理的常见操作。

第 6 章主要介绍数据集成、数据变换以及数据规约的操作，包括合并数据、轴向旋转、分组与聚合、哑变量处理、面元划分、重塑分层索引以及降采样等。通过本章的学习，读者能够掌握 pandas 中数据预处理的常见操作。

第 7 章主要介绍数据清理工具——OpenRefine 的相关知识，包括 OpenRefine 介绍、OpenRefine 的下载与安装、OpenRefine 的基本操作和进阶操作等。通过本章的学习，读者可以熟练地使用 OpenRefine 工具清理数据。

第 8 章运用前面所讲的知识，开发一个比较简单的数据分析项目——数据分析师岗位分析。通过本章的学习，读者能根据实际情况选用适当的数据预处理方式，具备使用 pandas 开发简单数据分析项目的能力。

在理解书中所讲的知识遇到困难时，读者可登录在线平台，配合平台中的教学视频进行学习。此外，读者在学习的过程中务必勤于练习，确保真正掌握所学知识。若在学习的过程中遇到无法解决的问题，建议读者暂时不要纠结于此，继续往后学习，或可豁然开朗。

◆致谢

本书的编写和整理工作由江苏传智播客教育科技股份有限公司完成，参与人员主要包括高美云、王晓娟、孙东等，参与的全体人员在近一年的编写过程中付出了很多，在此一并表示衷心的感谢。

◆意见反馈

尽管我们付出了最大的努力，但书中难免会有不妥之处，欢迎各界专家和读者来信给予宝贵意见，我们将不胜感激。您在阅读本书时，如发现任何问题或有不认同之处可以通过电子邮件与我们取得联系。

请发送电子邮件至 itcast_book@vip.sina.com。

黑马程序员
2023 年 5 月于北京

目录
Contents

第1章

数据预处理概述

学习目标

拓展阅读（1）

★了解数据预处理的概念及意义

★熟悉常见的数据问题

★熟悉数据预处理的流程和常用的数据预处理库

★掌握 Jupyter Notebook 的安装与使用

★掌握数据预处理库的安装

现实世界中“充斥”着海量的数据，这些数据一般是质量不高的“脏”数据，直接使用可能会导致数据分析结果或数据挖掘结果产生偏差。为提高数据的质量及数据分析或数据挖掘结果的准确度，数据预处理技术应运而生。数据预处理不仅可以清理“脏”数据，还可以将初始数据的内容与格式调整成符合数据分析或数据挖掘需求的内容与格式，以达到提高数据质量、提高数据分析或数据挖掘的效率与准确性的目的。本章将针对数据预处理的相关知识进行讲解。

1.1 什么是数据预处理

随着大数据技术掀起的计算机领域的新浪潮，无论是数据分析、数据挖掘，还是机器学习、人工智能，都离不开数据。在实际应用中，初始数据一般来自多数据源且格式多样化。这些数据的质量通常是良莠不齐的，或多或少存在问题，不能直接被应用到数据分析或数据挖掘工作中，直接使用会造成低质量的数据分析或数据挖掘结果，好比直接烹饪未去除鱼鳞的鱼，这道菜的口感一定会大打折扣。因此，初始数据在进行数据分析或数据挖掘之前需要经过一定的处理，以满足数据分析或数据挖掘需求。

从初始数据到得出数据分析或数据挖掘结果的整个过程中对数据进行的一系列操作称为数据预处理。数据预处理是数据分析或数据挖掘前的准备工作，也是数据分析或数据挖掘中必不可少的一环，它主要通过一系列的方法来处理“脏”数据、精准地抽取数据、调整数据的格式，从而得到一组符合准确、完整、简洁等标准的高质量数据，保证该数据能更好地服务于数据分析或数据挖掘工作。据统计，数据预处理的工作量占整个数据分析或数据挖掘工作的 60%。由此可见，数据预处理在数据分析、数据挖掘中扮演着举足轻重的角色。

为帮助大家更好地理解数据预处理的作用，下面以摩拜单车数据（非真实数据）为例，分别使用预处理前与预处理后的数据实现求各城市用户平均骑行时长的分析目标，并比较和分析哪组数据能得到准确的分析结果。预处理前与预处理后的摩拜单车数据分别如表 1-1 和表 1-2 所示。

表 1-1 预处理前的摩拜单车数据

用户编号	城市	单车编号	单车类型	骑行时长 /h
MU_00001	北京	MB_00001	经典	0.5
MU_00501	上海	MB_00010	轻骑	1.1
MU_00101	深圳	MB_00013	经典	1.0
MU_00801	广州	MB_00055	轻骑	
MU_09001	上海	MB_00066	轻骑	1.5
MU_03001	北京	MB_00018	经典	0.6
MU_00021	北京	MB_00100	轻骑	
MU_00022	广州	MB_00055	经典	1.5
MU_00023	深圳	MB_00155	经典	0.8
MU_00027	广州	MB_00101	轻骑	

表 1-2 预处理后的摩拜单车数据

城市	骑行时长 /h
北京	0.5
北京	0.6
北京	0.5
上海	1.1
上海	1.5
深圳	1.0
深圳	0.8
广州	0.5
广州	1.5
广州	0.5

表 1-1 罗列了预处理前的摩拜单车数据，这组数据中包含用户编号、城市、单车编号、单车类型、骑行时长这 5 个属性（一个数据对象的特征）。其中用户编号、单车编号、单车类型是一些冗余的属性，这些属性对分析目标而言没有任何意义；骑行时长是对分析目标起关键作用的属性，但该列中有若干个空缺，根据该列的数据求得的平均骑行时长肯定是一个准确度低的结果。

表 1-2 罗列了预处理后的摩拜单车数据，这组数据中只包含与分析目标关联紧密的两个属性——城市和骑行时长，而且这两列的数据是比较完整的，也根据城市名称进行了归类，能够快速地得出各城市用户的平均骑行时长。

若使用表 1-1 中的低质量数据对各城市用户的平均骑行时长进行分析，会导致分析结果存在一些偏差。相反地，若使用表 1-2 中的高质量数据对各城市用户的平均骑行时长进行分析，会得到一个较为准确的分析结果。

总而言之，数据预处理不仅可以提高初始数据的质量，保留与分析目标联系紧密的数据，而且可以优化数据的表现形式，有助于提高数据分析或数据挖掘工作的效率和准确率。

1.2　常见的数据问题

在实际业务中，从各渠道获取的初始数据大多是“脏”数据。“脏”数据是指源系统中不属于给定范围、对实际业务无意义、格式非法、编码不规范、业务逻辑模糊的数据。这种数据是低质量的数据，存在着一系列的问题。下面为大家介绍一些常见的数据问题。

1. 数据缺失

数据缺失是指属性值为空的一类问题。这类问题主要是由采集、传输与存储设备故障，数据延迟获取或人为因素造成的。例如，用户在参与问卷调研时，未婚用户未填写配偶姓名一栏的信息，学生用户未填写月收入一栏的信息，介意填写个人隐私信息的用户未上传照片信息等。

2. 数据重复

数据重复是指同一条数据多次出现的一类问题。这类问题主要是由人为重复录入或传输设备故障造成的。例如，某平台系统中录入了两个 ID 相同的用户。

3. 数据异常

数据异常是指个别数据远离数据集的一类问题。这类问题主要是由随机因素或不同机制造成的，需要先经过判定再进行相应的处理。

4. 数据冗余

数据冗余是指数据中存在一些多余的、无意义的属性。这些属性可以根据另一组属性推导出来，或者蕴含在另一组属性中，又或者超出业务需求。例如，一组数据中同时包含月收入和年收入，而年收入可以直接根据月收入推导出来。

5. 数据值冲突

数据值冲突是指同一属性存在不同值的一类问题。此类问题常见于多源数据合并的场景。例如，身高属性在一个数据源中对应一组以 cm 为单位的数值，而在另一数据源中对应一组以 m 为单位的数值。

6. 数据噪声

数据噪声是指属性值不符合常理的一类问题。这类问题主要是由硬件故障、编程错误、语音或光学字符识别程序识别错误等造成的。例如，一份顾客数据中记录的用户年龄为负数。

上述问题是数据分析或数据挖掘时比较常见的一些数据问题，这些数据问题会对数据分析或数据挖掘结果产生一定的影响，这些数据只有被处理成“干净”的数据之后，才可以应用到数据分析或数据挖掘中。

除处理“脏”数据之外，初始数据的形式或内容也需要做一些调整，以保证数据更加符合数据分析或数据挖掘的需求，为数据分析或数据挖掘做好准备工作。

1.3　数据预处理的流程

数据预处理针对各种数据问题提供了相应的解决方法，并将这些方法按照不同的功能划分到处理过程中的每个步骤，以逐步实现提高数据质量、整合多源数据、调整数据形式、保留重要数据的目标。数据预处理的一般流程如图 1-1 所示。

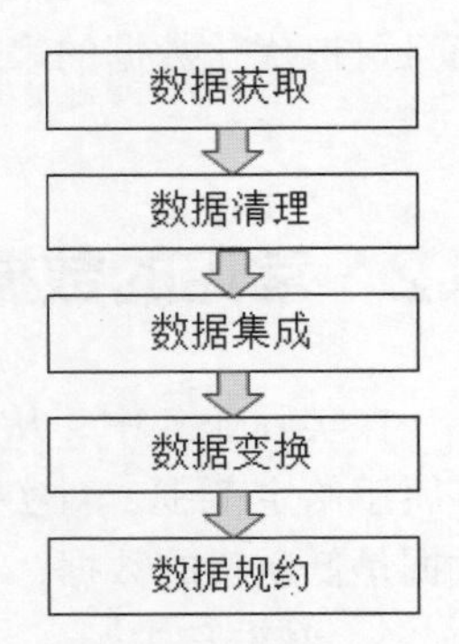

图 1-1 数据预处理的一般流程

图 1-1 所示的一般流程中各步骤的具体说明如下。

1. 数据获取

数据获取是预处理的第一步，该步骤主要负责从文件、数据库、网页等众多渠道中获取数据，以得到预处理的初始数据，为后续的处理工作做好数据准备。

2. 数据清理

数据清理主要是将“脏”数据变成“干净”数据的步骤。该步骤会通过一系列的方法对“脏”数据进行处理，包括删除重复数据、填充缺失数据、检测异常数据等，以达到清除冗余数据、规范数据、纠正错误数据的目的。数据清理的示意图如图 1-2 所示。

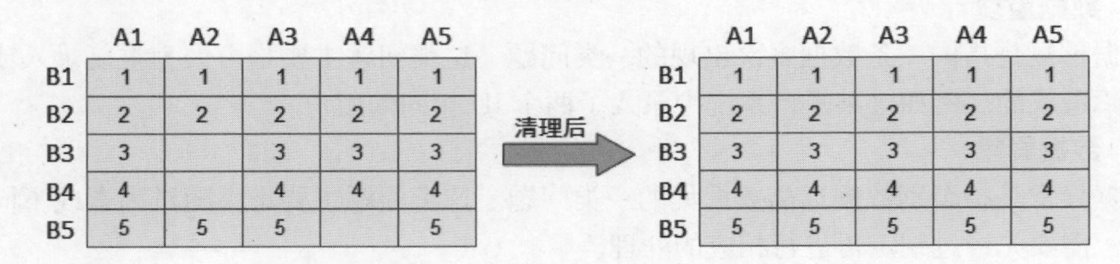

图 1-2 数据清理的示意图

3. 数据集成

数据集成主要负责把多个数据源合并成一个数据源，以达到增大数据量的目的。数据集成的示意图如图 1-3 所示。

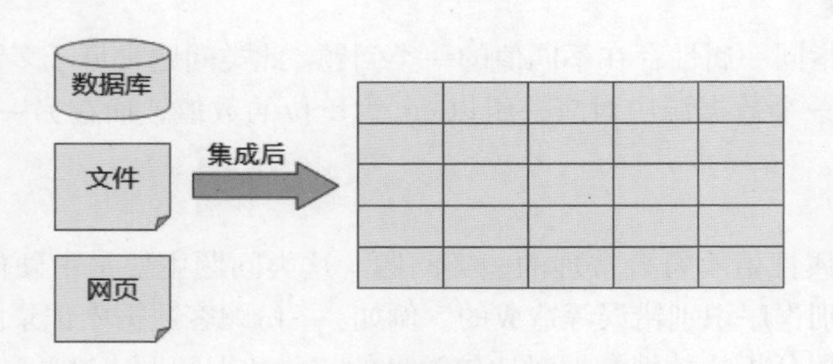

图 1-3 数据集成的示意图

值得一提的是，在合并多个数据源时，因为数据源对应的现实实体的表达形式不同，所以要考虑实体识别、属性冗余、数据值冲突等问题。

4. 数据变换

数据变换主要负责将数据转换成适当的形式，以降低数据的复杂度。数据变换的示意图如图 1-4 所示。

5. 数据规约

数据规约主要负责在尽可能保持数据原貌的前提下，最大限度地精简数据量，其方法包括降低数据的维度、删除与数据分析或数据挖掘主题无关的数据等。数据规约的示意图如图 1-5 所示。

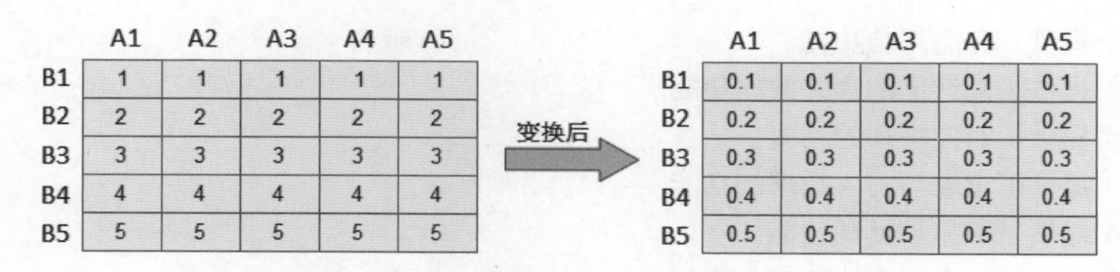

图 1-4　数据变换的示意图

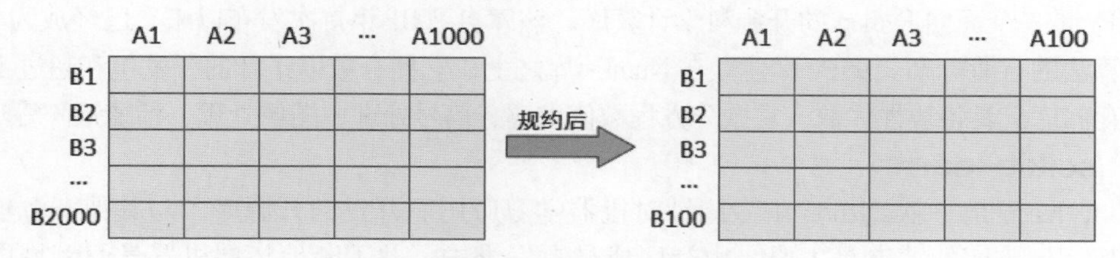

图 1-5　数据规约的示意图

需要说明的是，数据清理、数据集成、数据变换、数据规约都是数据预处理的主要步骤，它们没有严格意义上的先后顺序，在实际应用时并非全部会被使用，具体要视业务需求而定。本节只简单地介绍了每个步骤的目的，每个步骤中涉及的处理方法会在后文展开介绍。

1.4　常用的数据预处理库

Python 作为目前较为热门的编程语言，它已经渗入数据分析、数据挖掘、机器学习等以数据为支撑的多个领域，并分别为这些领域提供了功能强大的库。这些库中会涉及一些数据预处理的操作，以帮助开发人员解决各种各样的数据问题。Python 中常用的与数据预处理相关的库包括 NumPy、pandas、SciPy、scikit-learn 等，关于这些库的具体介绍如下。

1. NumPy

NumPy（源于 Numeric 和 Python）是一个 Python 开源的、高性能的基础科学计算库，该库具有以下特点。

（1）提供了一个可高效处理复杂数据的 *N* 维数组对象 ndarray。该对象的存储效率和输入 / 输出性能远远优于 Python 中等价的数据结构。

（2）大部分代码由 C 语言编写，性能比纯 Python 代码高得多。

（3）无须循环，便可完成类似 MATLAB 中的矢量运算。

（4）支持线性代数、随机数生成以及傅里叶变换功能。

2. pandas

pandas 是一个基于 NumPy 的库，是专门为实现数据分析任务而创建的。pandas 中纳入了大量库和标准的数据模型，并提供了高效地操作大型数据集的函数和方法，方便用户快速地处理大型数据集。pandas 具有以下特点。

（1）提供了数据结构 DataFrame，可以自由地插入或删除数据结构中的列。

（2）提供了智能数据对齐和缺失数据的集成处理。

（3）提供了基于标签的切片、花式索引和布尔索引。

（4）提供了分组聚合功能。
（5）提供了高性能的合并数据功能。
（6）提供了时间序列的功能。
（7）提供了读取与写入数据的功能。
（8）提供了数据预处理功能。
（9）提供了数据可视化功能。

3. SciPy

SciPy 是一个面向 Python 的开源科学计算库。该库自 2001 年首次发布以来，已经成为 Python 中科学算法的行业标准。SciPy 库建立在 NumPy 库之上，它拥有数以千计的开发包和超过 150000 个依赖存储库，具备线性代数、常微分方程数值求解、信号处理、图像处理、稀疏矩阵等功能。

4. scikit-learn

scikit-learn 是一款 Python 中专门针对机器学习应用而开发的开源库。与其他开源项目相比，scikit-learn 库的特点是主要是由社区成员自发维护，并不断地拓展机器学习领域内的功能。scikit-learn 库建立于 NumPy、SciPy 和 matplotlib 之上，它不仅支持分类、回归、降维和聚类这四大机器学习算法，包括支持向量机、随机森林、梯度提升、k 均值和 DBSCAN，还提供了特征提取、数据处理、模型评估三大模块，在学术界颇受欢迎。

除了前面介绍的库之外，我们还可以使用一些图形化工具来处理数据。OpenRefine 是一款简单好用的数据清理工具，它与传统的 Excel 工具很像，但其工作方式更像数据库，能够以列或字段的方式来操作数据。OpenRefine 工具可以帮助用户在使用数据之前完成清理操作，并通过浏览器运行界面的方式直观地展示对数据的相关操作。

限于篇幅，本书主要围绕 NumPy、pandas 这两个主流的库进行介绍，也会介绍一款专业的图形化工具 OpenRefine。

1.5 开发工具与环境

1.5.1 安装与使用 Jupyter Notebook

Jupyter Notebook（简称 Jupyter）是一个交互式编辑器，它支持运行 40 多种编程语言，便于创建和共享文档。Jupyter 本质上是一个 Web 应用程序，与其他编辑器相比，它具有小巧、灵活、支持实时代码、方便图表展示等优点。下面分别为大家演示如何安装和使用 Jupyter。

1. 安装 Jupyter

使用 pip 工具可以方便地安装 Jupyter。pip 工具是 Python 的包管理工具，Python 3.4 以上的解释器自带了 pip 工具。打开 Windows 命令提示符窗口，使用 pip 命令安装 Jupyter，具体如下。

```
pip install jupyter notebook
```

以上命令执行后，若命令提示符窗口中输出如下信息，说明 Jupyter 安装成功。

```
Installing collected packages: jupyter
Successfully installed jupyter-1.0.0
```

2. 使用 Jupyter

在命令提示符窗口中输入“jupyter notebook”命令，Jupyter 会在默认的浏览器中启动。以 E:\python 目录为例，在该目录下打开命令提示符窗口，输入 Jupyter 的启动命令并执行，浏览器中呈现的 Jupyter 主界面如图 1-6 所示。

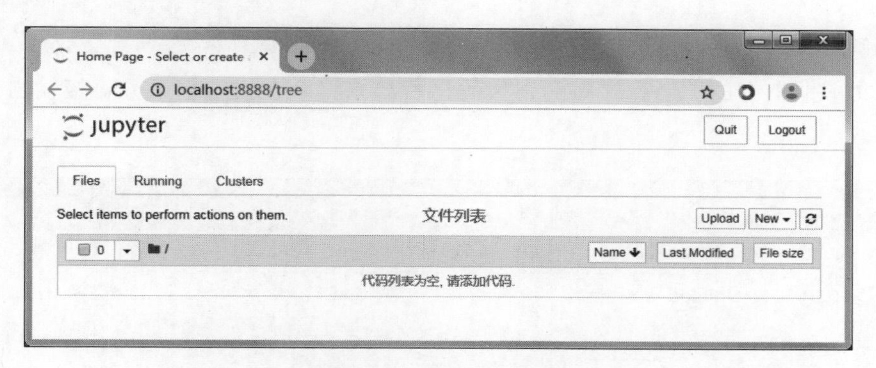

图 1-6　Jupyter 主界面

值得一提的是，Jupyter 主界面显示的文件会默认保存到 E:\python 目录中。

单击图 1-6 中文件列表右上方的“New”，在弹出的下拉列表中选择“Python 3”，直接创建一个 Python 文件，如图 1-7 所示。

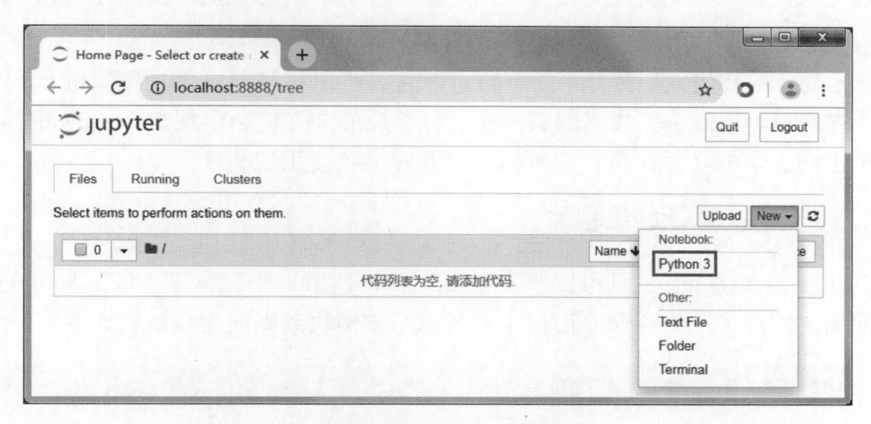

图 1-7　创建 Python 文件

创建 Python 文件后，Jupyter 会在浏览器中打开一个新的页面，如图 1-8 所示。

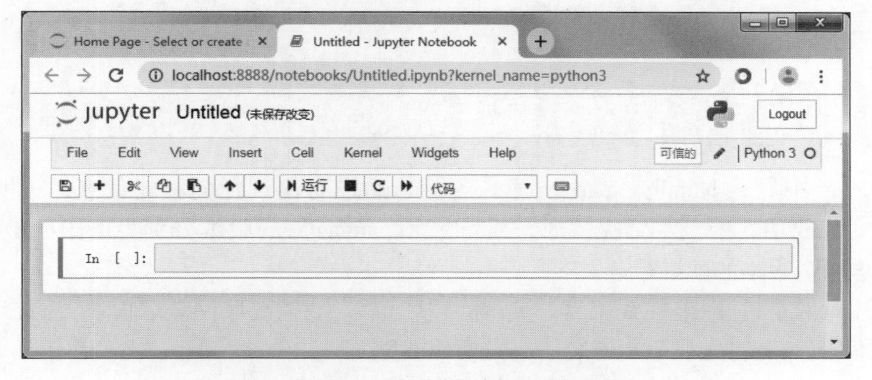

图 1-8　Jupyter 在浏览器中打开的新的页面

图 1-8 所示页面中的“Untitled”是文件名；文件名下方是菜单栏，提供保存、打开、新建文件等功能；菜单栏下方是工具栏，提供运行、剪切、粘贴等与代码操作相关的功能。

在图 1-8 所示页面的“In [ ]:”后的文本框中输入如下代码。

```
print('hello world!')
```

单击文本框上方的“运行”按钮，代码运行结果将会在文本框下方直接输出，具体如图 1-9 所示。

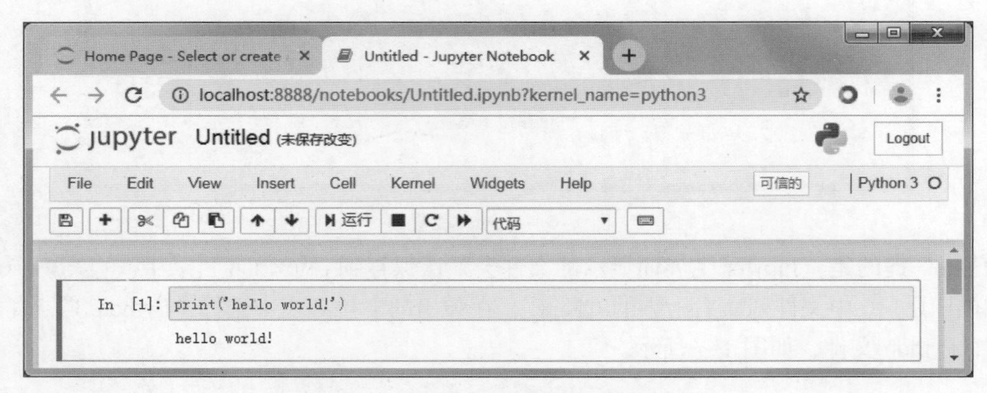

图 1-9　Jupyter 代码编辑与结果输出

使用组合键 Ctrl+S(或修改文件页面的文件名) 可以将当前页面中编辑的代码和代码的运行结果保存在以 .ipynb 为扩展名的文件中，保存后的文件将会出现在 Jupyter 主界面的文件列表中，单击列表中的文件，可在浏览器中打开并继续使用该文件。

1.5.2　安装数据预处理库

利用 Python 内置的 pip 工具可以非常方便地安装 Python 第三方库。该工具可在命令提示符窗口中使用。使用该工具在命令窗口中安装第三方模块或库的命令格式如下。

```
pip install 模块 / 库名
```

使用 pip 命令安装 NumPy、pandas 库，具体命令如下。

```
pip install numpy pandas
```

执行以上命令，结果如下。

```
Installing collected packages: numpy, pandas
Successfully installed numpy-1.19.0 pandas-1.1.0
```

在 Jupyter 中导入 NumPy、pandas 库，若运行后没有出现任何报错信息，说明 NumPy、pandas 库安装成功。截至本书完稿时，NumPy 和 pandas 库的版本分别为 1.19.0 和 1.1.0，后文均使用这两个版本的库进行开发。

需要注意的是，pip 是在线工具，pip 命令执行后，它需要联网获取模块资源，若没有网络或网络不佳，pip 将无法顺利安装第三方模块或库。

1.6　本章小结

本章作为本书的第 1 章，主要讲解了数据预处理的入门知识，包括什么是数据预处理、常见的数据问题、数据预处理的流程、常用的数据预处理库、开发工具与环境等。通过本章的学习，读者将对数据预处理有初步的了解，为后续学习做好准备工作。

1.7　习题

一、填空题

1. 从初始数据到得出数据分析或数据挖掘结果的整个过程中对数据进行的一系列操作称为________。

2. 数据缺失是指属性值为________的一类问题。

3. ________主要用于将“脏”数据变成“干净”数据。

4. ________是一个专门为实现数据分析任务而创建的库。

二、判断题

1. 原始数据可以直接用于数据分析或数据挖掘工作。(　　)

2. 数据异常是指一些数据远离数据集的问题。(　　)

3. 数据预处理的主要步骤没有严格意义上的先后顺序。(　　)

4. 数据规约可以达到增大数据量的目的。(　　)

三、选择题

1. 关于数据预处理的说法，下列描述错误的是(　　)。

A. 初始数据直接被使用可能会导致数据分析结果出现偏差

B. 数据预处理的工作量占整个数据挖掘工作的 60%

C. 数据预处理只负责处理“脏”数据

D. 数据预处理是数据分析或数据挖掘前的准备工作

2. 下列选项中，哪个是同一数据多次出现的问题？(　　)

A. 数据缺失　　B. 数据重复

C. 数据异常　　D. 数据冗余

3. 下列选项中，负责将多个数据源合并成一个数据源的是(　　)。

A. 数据清理　　B. 数据变换

C. 数据集成　　D. 数据规约

4. 下列选项中，支持高维度数组与矩阵运算的是(　　)。

A. NumPy　　B. pandas

C. SciPy　　D. scikit-learn

四、简答题

1. 什么是“脏”数据？

2. 请简述数据预处理的流程。

第2章

科学计算库——NumPy

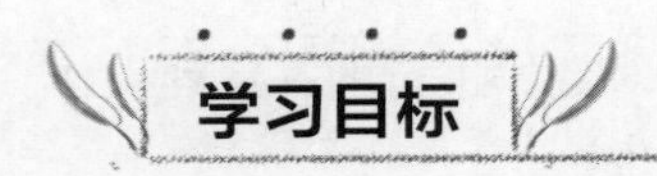

★熟悉数组对象，可通过多种方式创建数组

★掌握数组元素的访问方式

★掌握数组的运算

★掌握数组元素的常见操作

★掌握数组的转置操作

拓展阅读（2）

NumPy 作为高性能科学计算和数据分析的基础库，是众多数据分析、机器学习工具的基础架构，掌握 NumPy 的功能及用法将有助于后续学习和使用其他数据分析工具。本章将针对 NumPy 库的基础功能进行详细的讲解。

2.1 数组对象

NumPy 中提供了一个重要的数据结构——ndarray（又称为 array）对象，该对象是一个 N 维数组对象，可以存储相同类型、以多种形式组织的数据。数组是由相同类型的数据按有序的形式组织而成的一个集合，组成数组的各个数据称为数组的元素。与 Python 中的数组相比，ndarray 对象可以处理结构更复杂的数据。

ndarray 对象中定义了一些重要的属性，部分常用属性及其说明如表 2-1 所示。

表 2-1　ndarray 对象中定义的部分常用属性及其说明

属性	说明
ndim	数组的维度
shape	数组中各维度的大小
size	数组中元素的总数量
dtype	数组中元素的类型
itemsize	数组中各元素的字节大小

表 2-1 中，ndim、shape、dtype 属性是比较难理解的，下面分别对这些属性进行详细的介绍。

1. ndim 属性

ndim 属性表示数组的维度。例如，一维数组的维度是 1，二维数组的维度是 2。

在 NumPy 中，维度称为轴，轴的个数称为秩。例如，3D 空间中有一个点的坐标为 [1, 2, 3]，[1, 2, 3] 是一个一维数组，该数组中轴的个数为 1，也就是说秩为 1。

一维数组只有一个轴，其内部的所有数据沿轴方向依次排列；二维数组的结构类似于表格，它一共有沿行方向和列方向的两个轴，其中沿行方向的轴是编号为 0 的轴，沿列方向的轴是编号为 1 的轴；三维数组的结构类似立方体，它一共有沿长、宽、高方向的 3 个轴，这 3 个轴依次对应着编号 1、2、0。为加深大家对轴的理解，接下来，我们通过图 2-1 来描述一维、二维、三维数组的轴。

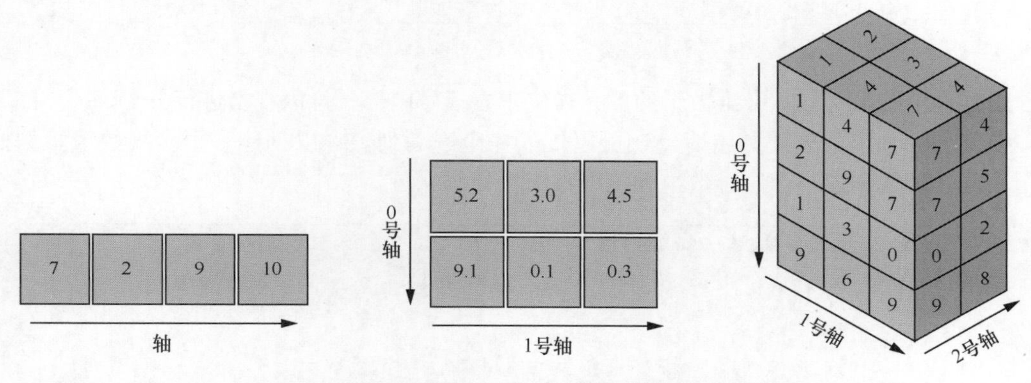

图 2-1　一维、二维、三维数组的轴

2. shape 属性

shape 属性表示数组的形状，也就是数组中各维度的大小，该属性的值为一个形如(行,列)的元组。例如，有一个 *m* 行 *n* 列的二维数组，该数组的 shape 属性的值为 (m, n)。

3. dtype 属性

dtype 属性表示数组中元素的类型，它实质上是一个说明数据类型的对象。NumPy 中提供了众多数据类型对象，常用的数据类型及其说明如表 2-2 所示。

表 2-2　NumPy 中常用的数据类型及其说明

数据类型	说明
bool	布尔类型，值为 True 或 False
int8、uint8	有符号和无符号的 8 位整数
int16、uint16	有符号和无符号的 16 位整数
int32、uint32	有符号和无符号的 32 位整数
int64、uint64	有符号和无符号的 64 位整数
float16	半精度浮点数（16 位）
float32	半精度浮点数（32 位）
float64	半精度浮点数（64 位）
complex64	复数，分别用两个 32 位浮点数表示实部和虚部
complex128	复数，分别用两个 64 位浮点数表示实部和虚部

2.2 创建数组

NumPy 中创建数组的方式有很多，最基本的方式之一是根据 Python 现有数据类型创建数组，还可以根据指定数值、指定数值范围创建数组，具体内容如下。

1. 根据 Python 现有数据类型创建数组

NumPy 中使用 array() 函数创建数组，该函数需要接收一个列表或元组。例如，使用 array() 函数创建一个一维数组，代码如下。

```
In  []:  import numpy as np                      # 导入numpy库
         array_1d = np.array([1, 2, 3])          # 基于列表创建一维数组
         print(array_1d)
         [1 2 3]
```

观察输出结果可知，一维数组的各元素位于方括号内部，且以空格进行分隔。

使用 array() 函数创建数组时，还可以传入一个嵌套列表，以创建一个多维数组。例如，使用 array() 函数创建一个二维数组和三维数组，代码如下。

```
In  []:  # 基于嵌套列表创建一个二维数组
         array_2d = np.array([[1, 2, 3], [4, 5, 6]])
         print(array_2d)
         print("------------")
         list_a = [1, 2, 3]
         list_b = [4, 5, 6]
         # 基于嵌套列表创建一个三维数组
         array_3d = np.array([[list_a, list_b], [list_a, list_b]])
         print(array_3d)
         [[1 2 3]
          [4 5 6]]
         ------------
         [[[1 2 3]
           [4 5 6]]

          [[1 2 3]
           [4 5 6]]]
```

观察输出结果可知，二维数组和三维数组的显示效果与嵌套列表相似，但有一些固定布局：最后一个轴上的元素按照从左到右的顺序输出，第 2 个轴上的元素按照从上到下的顺序输出，其他元素也按照从上到下的顺序输出，每个分片之间以空行分隔，最后一个轴上的每个元素之间以空格分隔。

2. 根据指定数值创建数组

NumPy 中使用 zeros()、ones()、empty() 函数能够基于指定数值创建数组。其中，zeros() 函数用于创建元素值都为 0 的数组；ones() 函数用于创建元素值都为 1 的数组；empty() 函数用于创建元素值都为随机数的数组。

zeros()、ones()、empty() 函数的语法格式如下。

```
zeros(shape, dtype=float, order='C')
ones(shape, dtype=None, order='C')
empty( shape, dtype=float, order='C' )
```

以上3个函数都接收相同的参数，这些参数的含义如下。

- shape：表示数组的形状。
- dtype（可选）：表示数组中元素的类型，默认为浮点数（float）。
- order：表示按索引顺序读取数组的元素，默认为'C'，说明采用C语言风格，按行排列数组的元素。此外可以将order参数设置为'F'，说明采用Fortran语言风格，按列排列数组的元素。

使用zeros()函数创建数组的代码如下。

```
In  []:  array_demo = np.zeros((2, 3))      # 创建一个形状为(2,3)、元素值为0的数组
         print(array_demo)
         [[0. 0. 0.]
          [0. 0. 0.]]
```

使用ones()函数创建数组的代码如下。

```
In  []:  array_demo = np.ones((2, 3))       # 创建一个形状为(2,3)、元素值为1的数组
         print(array_demo)
         [[1. 1. 1.]
          [1. 1. 1.]]
```

使用empty()函数创建数组的代码如下。

```
In  []:  array_demo = np.empty((2, 3))  # 创建一个形状为(2,3)、元素值为随机数的数组
         print(array_demo)
         [[7.6e-322 0.0e+000 0.0e+000]
          [0.0e+000 0.0e+000 0.0e+000]]
```

3. 根据指定数值范围创建数组

NumPy中使用arange()函数创建基于指定区间均匀分布数值的数组。arange()函数的功能类似于Python中的range()函数，不同的是，arange()函数会返回一维数组，而非列表。例如，使用arange()函数创建一个一维数组，代码如下。

```
In  []:  # 创建一个元素值位于[1,30)且间隔为5的数组
         array_demo = np.arange(1, 30, 5)
         print(array_demo)
         [ 1  6 11 16 21 26]
```

arange()函数可以搭配reshape()方法使用，以重塑一维数组的形状。reshape()方法用于改变数组的形状，但不会改变数组的元素。例如，将数组array_demo重塑为2行3列的二维数组，代码如下。

```
In  []:  new_arr = array_demo.reshape(2, 3)  # 重塑数组的形状
         print(new_arr)
```

```
[[ 1  6 11]
 [16 21 26]]
```

需要说明的是，数组的新形状必须与原形状兼容，也就是满足“新形状的行数 × 新形状的列数 = 数组元素的总数量”这一等式。

2.3 访问数组元素

数组支持通过索引和切片访问元素。NumPy 中提供了多种形式的索引——整数索引、花式索引和布尔索引，通过这些索引可以访问数组的单个、多个或一行元素。本节将针对 NumPy 数组访问元素的几种方式进行详细的讲解。

2.3.1 使用整数索引访问元素

NumPy 中可以使用整数索引访问数组，以获取该数组中的单个元素或一行元素。一维数组访问元素的方式与列表访问元素的方式相似，会根据指定的整数索引获取相应位置的元素。

接下来，创建一个一维数组，并使用整数索引访问该数组的元素，代码如下。

```
In  []:    import numpy as np
           array_1d = np.arange(1, 7)
           print(array_1d)
           print(array_1d[2])                          # 获取索引为2的元素
           [1 2 3 4 5 6]
           3
```

当使用整数索引访问二维数组时，二维数组会根据索引获取相应位置的一行元素，并将其以一维数组的形式返回。例如，创建一个二维数组，并使用整数索引访问该数组的元素，代码如下。

```
In  []:    import numpy as np
           array_2d = np.arange(1, 7).reshape(2, 3)
           print(array_2d)
           print("------------")
           print(array_2d[1])                         # 获取索引为1的一行元素
           [[1 2 3]
            [4 5 6]]
           ------------
           [4 5 6]
```

此时，若想获取二维数组的单个元素，需要通过“二维数组 [行索引 , 列索引]”的形式实现，代码如下。

```
In  []:    # 获取行索引为1、列索引为2的元素
           print(array_2d[1, 2])
           6
```

上述二维数组的整数索引操作的示意图如图 2-2 所示。

array_2d[1]

1	2	3
4	5	6

array_2d[1, 2]

1	2	3
4	5	6

图 2-2　整数索引操作的示意图

2.3.2　使用花式索引或布尔索引访问元素

除了整数索引之外，NumPy 中还提供了两个形式比较复杂的索引——花式索引和布尔索引，下面对这两种索引的基本用法进行详细的讲解。

1. 花式索引

花式索引指以整数组成的数组或列表为索引。当使用花式索引访问一维数组时，程序会将花式索引对应的数组或列表的元素作为索引，依次根据各个索引获取对应位置的元素，并将这些元素以数组的形式返回；当使用花式索引访问二维数组时，程序会将花式索引对应的数组或列表的元素作为索引，依次根据各个索引获取对应位置的一行元素，并将这些行元素以数组的形式返回。

接下来，创建一个一维数组，使用花式索引获取该数组的多个元素，代码如下。

```
In  []:   import numpy as np
          array_1d = np.arange(1, 10)
          print(array_1d)
          print("------------")
          # 访问索引为[2,5,8]的元素
          print(array_1d[[2, 5, 8]])
          [1 2 3 4 5 6 7 8 9]
          ------------
          [3 6 9]
```

以上代码首先创建了一个一维数组 array_1d，然后使用花式索引 [2,5,8] 访问了该一维数组，即依次获取索引 2、5、8 对应的元素 3、6、9，并返回包含这几个元素的数组。由输出结果可知，程序输出了一个包含 3、6、9 这 3 个元素的数组，说明使用花式索引成功地一次访问了数组中的多个元素。

接下来，创建一个二维数组，使用花式索引获取该数组的多行元素，代码如下。

```
In  []:   array_2d = np.arange(1, 10).reshape((3, 3))
          print(array_2d)
          print("------------")
          # 访问索引为[0,2]的元素
          print(array_2d[[0, 2]])
          [[1 2 3]
           [4 5 6]
           [7 8 9]]
          ------------
          [[1 2 3]
           [7 8 9]]
```

需要说明的是，在使用两个花式索引，即通过“二维数组[花式索引,花式索引]”的形式访问数组时，会将第一个花式索引对应数组或列表的各元素作为行索引，将第二个花式索引对应数组或列表的各元素作为列索引，再按照“二维数组[行索引,列索引]”的形式获取对应位置的元素。例如，使用两个花式索引访问二维数组 array_2d 的元素，代码如下。

```
In []:  # 使用两个花式索引访问元素
        print(array_2d[[0, 2], [1, 1]])
        [2 8]
```

上述与二维数组相关的花式索引操作的示意图如图 2-3 所示。

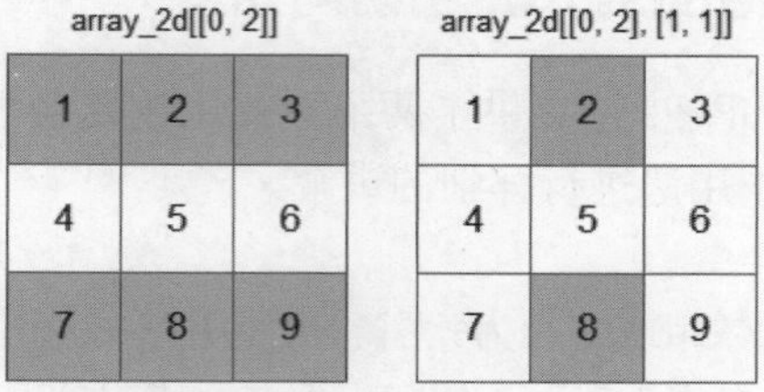

array_2d[[0, 2]]

1	2	3
4	5	6
7	8	9

array_2d[[0, 2], [1, 1]]

1	2	3
4	5	6
7	8	9

图 2-3　花式索引操作的示意图

2. 布尔索引

布尔索引是以布尔值构成的数组为索引。当使用布尔索引访问一个目标数组时，程序会将布尔数组中的每个布尔值作为索引，只要布尔值为 True，就从目标数组中获取与 True 位置对应的元素。需要说明的是，布尔数组的形状必须与目标数组的形状相同。

接下来，创建一个二维数组，获取该数组中值大于 5 的元素，代码如下。

```
In []:  array_2d = np.arange(1, 10).reshape((3, 3))
        print(array_2d)
        print("------------")
        # 使用布尔索引访问元素
        print(array_2d > 5)
        print("------------")
        print(array_2d[array_2d > 5])
        [[1 2 3]
         [4 5 6]
         [7 8 9]]
        ------------
        [[False False False]
         [False False  True]
         [ True  True  True]]
        ------------
        [6 7 8 9]
```

以上代码中，首先创建了一个形状为(3,3)的二维数组 array_2d，该数组中的元素为 1 ~ 9；然后将 array_2d 数组进行布尔运算，判断 array_2d 中的每个元素是否都大于 5，大于 5 会得到布尔值 True，小于 5 会得到布尔值 False，所有的布尔值构成一个形状与 array_2d 数组相同的布尔数组；最后将这个布尔数组作为布尔索引，通过布尔索引获取 array_2d 数组中的元素。从输出的结果可以看出，程序返回了 array_2d 数组中与布尔数组中 True 位置对应的元素。

上述二维数组相关的布尔索引操作的示意图如图 2-4 所示。

array_2d > 5		
False	False	False
False	False	True
True	True	True

array_2d[array_2d > 5]		
1	2	3
4	5	6
7	8	9

图 2-4 布尔索引操作的示意图

2.3.3 使用切片访问元素

NumPy 中支持使用切片访问数组的元素。一维数组的切片操作与列表的切片操作相同，而二维数组的切片操作更为丰富。下面分别以一维数组和二维数组为例，讲解如何使用切片访问数组的元素。

1. 一维数组的切片操作

接下来，创建一个一维数组，使用切片访问数组的部分元素，代码如下。

```
In  []:   import numpy as np
          array_1d = np.array([10, 20, 30, 40, 50, 60])
          print(array_1d[1:3])                    # 访问索引为1、2的元素
          print(array_1d[:3])                     # 访问前3个元素
          print(array_1d[:-1])                    # 访问除末尾元素之外的元素
          print(array_1d[:])                      # 访问全部元素
          print(array_1d[::2])                    # 访问从开头到末尾、步长为2的元素
          [20 30]
          [10 20 30]
          [10 20 30 40 50]
          [10 20 30 40 50 60]
          [10 30 50]
```

2. 二维数组的切片操作

与一维数组相比，二维数组支持更多的切片操作，可以向方括号内传入多个切片，甚至可以混合传入索引和切片。

传入一个切片的代码如下。

```
In  []:   import numpy as np
          arr_2d = np.array([[1, 2, 3], [4, 5, 6], [7, 8, 9]])    # 创建二维数组
          print(arr_2d)
          print("------------")
          print(arr_2d[:2])                       # 使用切片访问前两行的元素
           [[1 2 3]
           [4 5 6]
           [7 8 9]]
          ------------
          [[1 2 3]
           [4 5 6]]
```

传入两个切片的代码如下。

```
In  []:   print(arr_2d[:2, 0:1])                    # 使用切片访问前两行、第一列的元素
          [[1]
           [4]]
```

混合传入整数索引和切片的代码如下。

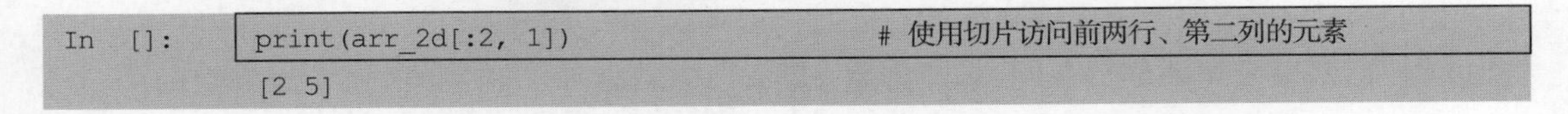

```
In  []:   print(arr_2d[:2, 1])                      # 使用切片访问前两行、第二列的元素
          [2 5]
```

上述二维数组切片操作的示意图如图 2-5 所示。

arr_2d[:2]

1	2	3
4	5	6
7	8	9

arr_2d[:2, 0:1]

1	2	3
4	5	6
7	8	9

arr_2d[:2, 1]

1	2	3
4	5	6
7	8	9

图 2-5　二维数组切片操作的示意图

2.4　数组运算

无论是形状相同的数组，还是形状不同的数组，它们之间都可以执行算术运算。与 Python 列表不同，数组在参与算术运算时无须遍历每个元素，便可以对每个元素执行批量运算，且效率更高。本节将分别讲解形状相同的数组、形状不同的数组、数组与标量之间的运算。

2.4.1　形状相同的数组间运算

形状相同的数组在执行算术运算时，会将位置相同的元素做算术运算，并将运算所得的结果组成一个新数组。例如，现有两个形状均为 (3, 3) 的数组 arr_one 和 arr_two，这两个数组相加后得到一个新数组 result，具体示意图如图 2-6 所示。

从图 2-6 中可以看出，数组 result 的每个元素分别为数组 arr_one 与 arr_two 相应位置上的元素之和。

arr_one

1	2	3
4	5	6
7	8	9

+ arr_two

1	2	3
4	5	6
7	8	9

= result

2	4	6
8	10	12
14	16	18

图 2-6　形状相同的数组间运算的示意图

接下来，分别创建图 2-6 所示的数组 arr_one 和 arr_two，将这两个数组做加法运算，代码如下。

```
In  []:   import numpy as np
          arr_one = np.array([[1, 2, 3], [4, 5, 6], [7, 8, 9]])
          print(arr_one)
          print(f"arr_one: {arr_one.shape}")
          print("------------")
          arr_two = np.array([[1, 2, 3], [4, 5, 6], [7, 8, 9]])
          print(arr_two)
          print(f"arr_two: {arr_two.shape}")
          print("------------")
          result = arr_one + arr_two
          print(result)
          print(f"result: {result.shape}")
           [[1 2 3]
           [4 5 6]
           [7 8 9]]
          arr_one: (3, 3)
          ------------
          [[1 2 3]
           [4 5 6]
           [7 8 9]]
          arr_two: (3, 3)
          ------------
          [[ 2  4  6]
           [ 8 10 12]
           [14 16 18]]
          result: (3, 3)
```

2.4.2　形状不同的数组间运算

形状不同的数组之间进行运算会触发广播机制。广播机制是指对形状较小的数组进行扩展，以匹配另一个形状较大的数组，进而使运算转换为形状相同的数组之间的运算。广播机制并不适用于所有数组，它要求两个数组满足以下规则。

（1）数组的某一维度为 1。

（2）两个数组的某一维度相等。

若两个数组在任一维度上都不匹配，且没有任一维度等于 1，则会导致程序出现异常。

下面是一些符合规则的扩展示例。

```
A      (2d array):  5 × 4
B      (1d array):      1
Result (2d array):  5 × 4
A      (4d array):  8 × 1 × 6 × 1
B      (3d array):      7 × 1 × 5
Result (4d array):  8 × 7 × 6 × 5
```

下面是一个无法扩展的示例。

```
A      (2d array):       2 × 1
B      (3d array):  8 × 4 × 3      # 第二个维度不匹配
```

例如，现有两个形状分别为 (3,1) 和 (3,) 的数组 arr_one 和 arr_two，这两个数组相加后得到一个形状为 (3,3) 的新数组 result，具体示意图如图 2-7 所示。

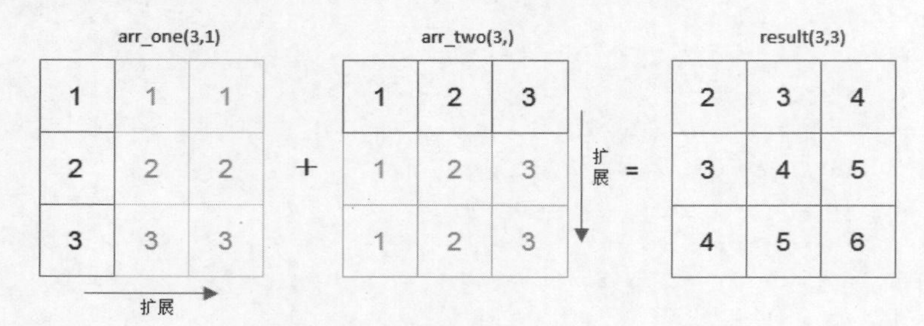

图 2-7　形状不同的数组间运算的示意图

从图 2-7 中可以看出，数组 arr_one 的形状沿行方向扩展为 (3,3)，数组 arr_two 的形状沿列方向扩展为 (3,3)，它们相加后得到的数组 result 的形状为 (3,3)。

接下来，分别创建图 2-7 所示的数组 arr_one 和 arr_two，将这两个数组做加法运算，代码如下。

```
In  []:    import numpy as np
           arr_one = np.array([[1], [2], [3]])
           print(arr_one)
           print(f"arr_one: {arr_one.shape}")
           print("------------")
           arr_two = np.array([1, 2, 3])
           print(arr_two)
           print(f"arr_two: {arr_two.shape}")
           print("------------")
           result = arr_one + arr_two
           print(result)
           print(f"result: {result.shape}")
           [[1]
            [2]
            [3]]
           arr_one: (3, 1)
           ------------
           [1 2 3]
           arr_two: (3,)
           ------------
           [[2 3 4]
            [3 4 5]
            [4 5 6]]
           result: (3, 3)
```

2.4.3　数组与标量的运算

形状相同的多个数组执行算术运算时，会将运算应用到数组的各个元素中。同样地，数组与标量执行算术运算时也会将标量应用到各个元素中，以方便各元素与标量直接进行相加、相减、相乘、相除等基础操作。

接下来，创建一个二维数组，将该数组与标量分别进行相加、相减、相乘、相除操作，代码如下。

```
In  []:   import numpy as np
          arr_2d = np.array([[1, 2, 3], [4, 5, 6]])
          num = 10
          print(arr_2d + num)          # 数组与标量相加
          [[11 12 13]
           [14 15 16]]
In  []:   print(arr_2d - num)          # 数组与标量相减
          [[-9 -8 -7]
           [-6 -5 -4]]
In  []:   print(arr_2d * num)          # 数组与标量相乘
          [[10 20 30]
           [40 50 60]]
In  []:   print(arr_2d / num)          # 数组与标量相除
          [[0.1 0.2 0.3]
           [0.4 0.5 0.6]]
```

2.5　数组操作

NumPy数组在处理数据时可以用简洁的表达式代替循环，它比内置的Python循环快了至少一个数量级，因此成为数据处理的首选。本节将讲解数组中常见的数据操作，包括排序、检索数组元素和元素唯一化。

2.5.1　排序

NumPy中使用sort()方法实现数组排序功能。使用该方法后，数组的每行元素默认会按照从小到大的顺序排列，并返回排序后的数组。sort()方法的语法格式如下。

```
sort(axis=-1, kind=None, order=None)
```

sort()方法中各参数的含义如下。

- axis：表示排序的轴编号，默认为-1，代表沿着最后一个轴排序。
- kind：表示排序的算法，默认为'quicksort'(快速排序)。
- order：表示按哪个字段排序。

接下来，创建一个二维数组，沿行方向按从小到大的顺序排列数组中的元素，代码如下。

```
In  []:   import numpy as np
          arr_demo = np.array([[6, 8, 7], [3, 1, 9], [0, 5, 2]])
          print(arr_demo)
```

```
[[6 8 7]
 [3 1 9]
 [0 5 2]]
```

```
In  []:  # 对数组元素进行排序
         arr_demo.sort()
         print(arr_demo)
```

```
[[6 7 8]
 [1 3 9]
 [0 2 5]]
```

若希望以上数组沿列方向按从小到大的顺序排列元素，需要在使用 sort() 方法时传入“axis=0”，代码如下。

```
In  []:  # 数组沿列方向排序
         arr_demo.sort(axis=0)
         print(arr_demo)
```

```
[[0 2 5]
 [1 3 8]
 [6 7 9]]
```

2.5.2 检索数组元素

NumPy 中提供了 all() 和 any() 函数来检索数组的元素，其中 all() 函数用于判断数组的所有元素是否全部满足条件，满足条件则返回 True，否则返回 False；any() 函数用于判断数组中是否存在满足条件的元素，存在则返回 True，否则返回 False。

使用 all() 函数检索数组的所有元素是否全部大于 0，代码如下。

```
In  []:  import numpy as np
         arr = np.array([[1, -2, 5], [7, 6, 2], [-5, 9, 2]])
         # 检索arr的元素是否全部大于0
         print(np.all(arr > 0))
```

```
False
```

使用 any() 函数检索数组的元素是否至少有 1 个大于 0，代码如下。

```
In  []:  # 检索arr的元素是否至少有1个大于0
         print(np.any(arr > 0))
```

```
True
```

2.5.3 元素唯一化

元素唯一化操作是数组中比较常见的操作，它主要查找数组的唯一元素。NumPy 中使用 unique() 函数实现元素唯一化功能，该函数将查找的唯一元素进行排序后返回。代码如下。

```
In  []:  import numpy as np
         arr = np.array([12, 11, 34, 23, 12, 8, 11])
         # 查找数组的唯一元素
         print(np.unique(arr))
```

```
[ 8 11 12 23 34]
```

2.6　数组的转置

数组的转置是指数组中各元素按照一定的规则变换位置。NumPy 中提供了 3 种实现数组转置的方式，分别为 T 属性、swapaxes() 方法和 transpose() 方法。对这几种方式的具体介绍如下。

1. T 属性

NumPy 中数组使用 T 属性可实现简单的转置操作，即互换两个轴的元素，并返回一个互换后的新数组。例如，现有一个 2 行 5 列的二维数组，该数组使用 T 属性转置后生成一个 5 行 2 列的新数组，具体如图 2-8 所示。

下面创建一个图 2-8 所示的 arr 数组，并使用 T 属性对该数组进行转置，从而得到一个新的数组 new_arr，代码如下。

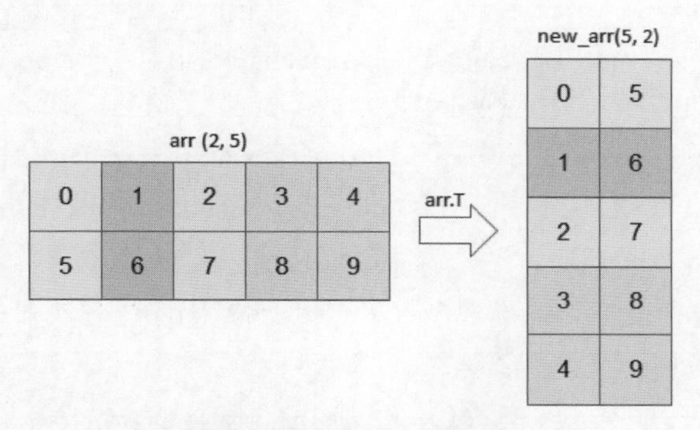

图 2-8　数组使用 T 属性转置的示意图

```
In  []:  import numpy as np
         arr = np.arange(10).reshape(2,5)
         print(f"arr形状：{arr.shape}")
         print(arr)
         arr形状：(2, 5)
         [[0 1 2 3 4]
          [5 6 7 8 9]]
In  []:  # 使用T属性进行转置
         new_arr = arr.T
         print(f"new_arr形状：{new_arr.shape}")
         print(new_arr)
         new_arr形状：(5, 2)
         [[0 5]
          [1 6]
          [2 7]
          [3 8]
          [4 9]]
```

2. swapaxes() 方法

与 T 属性的作用相似，swapaxes() 方法也用于交换两个轴的元素，但该方法可用于交换任意两个轴的元素。例如，现有一个形状为 (2,3,4) 的三维数组，该数组使用 swapaxes(2,1) 方法转置后生成一个形状为 (2,4,3) 的新数组，具体如图 2-9 所示。

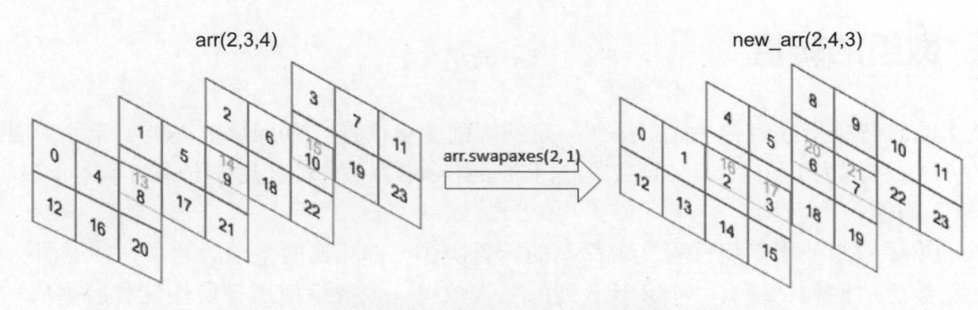

图 2-9 数组使用 swapaxes() 方法转置的示意图

下面创建一个图 2-9 所示的 arr 数组，并使用 swapaxes() 方法对该数组进行转置，从而得到一个新的数组 new_arr，代码如下。

```
In  []:   import numpy as np
          arr = np.arange(24).reshape(2, 3, 4)
          print(f"arr形状：{arr.shape}")
          print(arr)

          arr形状：(2, 3, 4)
          [[[ 0  1  2  3]
            [ 4  5  6  7]
            [ 8  9 10 11]]

           [[12 13 14 15]
            [16 17 18 19]
            [20 21 22 23]]]
In  []:   # 使用swapaxes()方法进行转置，互换1号轴和2号轴的元素
          new_arr = arr.swapaxes(2, 1)
          print(f"new_arr形状：{new_arr.shape}")
          print(new_arr)

          new_arr形状：(2, 4, 3)
          [[[ 0  4  8]
            [ 1  5  9]
            [ 2  6 10]
            [ 3  7 11]]

           [[12 16 20]
            [13 17 21]
            [14 18 22]
            [15 19 23]]]
```

3. transpose() 方法

使用 transpose() 方法不仅可以交换两个轴的元素，还可以交换多个轴的元素。transpose() 方法需要接收一个由轴编号构成的元组，返回一个按轴编号互换后的新数组。例如，现有一个形状为 (2,3,4) 的三维数组，该数组使用 transpose((1,2,0)) 方法进行转置，代码如下。

```
In  []:   import numpy as np
          arr = np.arange(24).reshape(2,3,4)
          print(f"arr形状：{arr.shape}")
          print(arr)
```

```
        arr形状：(2, 3, 4)
        [[[ 0  1  2  3]
          [ 4  5  6  7]
          [ 8  9 10 11]]

         [[12 13 14 15]
          [16 17 18 19]
          [20 21 22 23]]]
In  []: # 使用transpose()方法进行转置
        new_arr = arr.transpose((1,2,0))
        print(f"new_arr形状：{new_arr.shape}")
        print(new_arr)
        new_arr形状：(3, 4, 2)
        [[[ 0 12]
          [ 1 13]
          [ 2 14]
          [ 3 15]]

         [[ 4 16]
          [ 5 17]
          [ 6 18]
          [ 7 19]]
         [[ 8 20]
          [ 9 21]
          [10 22]
          [11 23]]]
```

2.7　本章小结

本章主要讲解了 NumPy 的相关知识，包括数组对象、创建数组、访问数组元素、数组运算、数组操作和数组的转置等。通过本章的学习，希望读者可以使用 NumPy 灵活地操作数组，为后续的学习奠定扎实的基础。

2.8　习题

一、填空题

1. NumPy 中的________是一个 *N* 维数组对象。
2. ones() 函数用于创建元素值都为________的数组。
3. 若 ndarray.ndim 执行的结果为 2，则表示创建的是________维数组。
4. 形状不同的数组之间进行运算会触发________机制。
5. 花式索引指以整数组成的________或列表为索引。

二、判断题

1. 使用 empty() 函数创建的是空数组。(　　)
2. NumPy 中只支持使用整数索引访问元素。(　　)
3. 数组之间的任何算术运算都会应用到其中的每个元素。(　　)
4. 某一维度为 1 的数组与其他数组进行运算时一定会触发广播机制。(　　)
5. 二维数组无法获取其内部的单个元素。(　　)

三、选择题

1. 下列选项中，可用于设置或获取数组中元素类型的是（　　）。

A. ndim　　B. shape

C. size　　D. dtype

2. 下列选项中，可创建一个 2 行 3 列数组的是（　　）。

A. arr = np.array([1, 2, 3])　　B. arr = np.array([[1, 2, 3], [4, 5, 6]])

C. arr = np.array([[1, 2], [3, 4]])　　D. np.ones((3, 3))

3. 请阅读下面一段代码：

```
arr_2d = np.array([[11, 20, 13],[14, 25, 16],[27, 18, 9]])
print(arr_2d[1, :1])
```

以上代码执行后输出的结果为（　　）。

A. [14]　　B. [25]

C. [14, 25]　　D. [20, 25]

4. 请阅读下面一段代码：

```
arr = np.arange(6).reshape(1, 2, 3)
print(arr.transpose(2, 0, 1))
```

以上代码执行后输出的结果为（　　）。

A.
[[[2 5]]
[[0 3]]
[[1 4]]]

B.
[[[1 4]]
[[0 3]]
[[2 5]]]

C.
[[[0 3]]
[[1 4]]
[[2 5]]]

D.
[[[0]
 [3]]
[[1]
 [4]]
[[2]
 [5]]]

5. 下列选项中，用于查找数组中唯一元素的是（　　）。

A. where()　　B. cumsum()

C. sort()　　D. unique()

四、简答题

1. 简述创建数组的几种方式。
2. 简述两数组触发广播机制的规则。

五、编程题

1. 创建一个数组，该数组的形状为 (5,)，元素值均为 0。

2. 创建一个代表国际象棋棋盘的 8×8 数组，其中棋盘的白格用 0 填充，棋盘的黑格用 1 填充。

第3章

pandas 库基础

学习目标

★认识 pandas 的数据结构，可以采用多种方式创建 Series 和 DataFrame 类对象

★认识 pandas 的索引对象，可以轻松地创建分层索引

★掌握 pandas 索引的相关操作，可熟练地使用单层索引与分层索引访问数据

★掌握 pandas 的 reindex() 方法，可以熟练地使用 reindex() 方法实现重新索引功能

拓展阅读（3）

★掌握 pandas 数据排序的方法，可以按索引与值排列数据

★掌握 pandas 统计计算与描述的方法，可以轻松地实现统计计算与统计描述功能

pandas 是一个基于 NumPy、专门为数据分析而设计的库，该库中不仅提供了大量模块及一些标准的数据模型，而且提供了高效操作数据集的数据结构，被广泛地应用到众多领域中。pandas 库是本书的重点内容，本章先为大家介绍一些 pandas 的基础功能。

3.1 数据结构

pandas 中提供了两个比较重要的数据结构，即 Series 和 DataFrame，分别用于处理一维数据和二维数据。本节将针对 pandas 的数据结构进行详细的介绍。

3.1.1 Series

Series 是由 pandas 库提供的一个类，Series 类对象的结构类似于一维数组，主要由数据和索引两部分组成，其中数据可以是任意类型，如整数、字符串、浮点数等。Series 类对象的结构示意如图 3-1 所示。

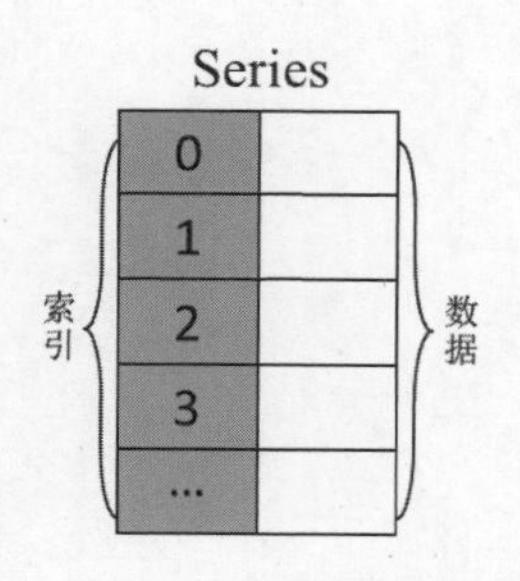

图 3-1 Series 类对象的结构示意图

在图 3-1 中，Series 类对象的索引位于左侧，数据位于右侧。需要说明的是，Series 类对象的索引样式比较丰富，默认是自动生成的整数索引（从 0 开始递增），也可以是自定义的标签索引（由自定义的标签构成的索引）、时间索引（由日期时间构成的索引）等。

通过 Series 类的构造方法可以创建一维数据。Series 类构造

方法的语法格式如下。

```
pandas.Series(data=None, index=None, dtype=None, name=None,copy=False,
fastpath=False)
```

以上构造方法中常用参数的含义如下。

- data：表示传入的数据，可以是 ndarry、列表、字典等。
- index：表示传入的索引，必须是唯一值，且与数据的长度相同。若没有传入索引，则创建的 Series 类对象会自动生成 0~*N* 的整数索引。
- dtype：表示数据的类型。若未指定数据类型，pandas 会根据传入的数据自动推断数据类型。
- name：表示 Series 类对象的名称。
- copy：表示是否复制数据，默认为 False。

接下来，通过在 Series() 方法中传入列表的方式创建 Series 类对象，代码如下。

```
In  []:  import pandas as pd                                    # 导入pandas库
         # 根据列表创建Series类对象
         ser_obj = pd.Series(['Python', 'Java', 'PHP'])
         print(ser_obj)
         0    Python
         1      Java
         2       PHP
         dtype: object
```

从输出结果可以看出，Series 类对象的索引为 0~2，即自动生成的整数索引；数据由上至下依次为列表的各个元素，其类型为 object，该类型是根据列表中元素的类型推断出来的。

在使用 Series() 方法创建对象时，可以传入 index 参数指定自定义的索引，代码如下。

```
In  []:  # 导入pandas库
         import pandas as pd
         # 创建Series类对象，同时为该对象指定索引
         ser_obj = pd.Series(['Python', 'Java', 'PHP'],
         index = ['one', 'two', 'three'])
         print(ser_obj)
         one      Python
         two      Java
         three      PHP
         dtype: object
```

从输出结果可以看出，Series 类对象的索引不再是整数索引，而是由 index 参数指定的标签索引。

在使用 Series() 方法创建对象时可以传入字典，此时字典的键将作为 Series 类对象的索引，字典的值将作为 Series 类对象的数据，代码如下。

```
In  []:  data = {'one': 'Python', 'two': 'Java', 'three': 'PHP'}
         ser_obj2 = pd.Series(data)          # 根据字典创建Series类对象
         print(ser_obj2)
```

```
one       Python
two         Java
three        PHP
dtype: object
```

多学一招：时间序列

时间序列（或称动态数列）是指将同一统计指标的数值按其发生的时间先后顺序排列而成的数列，如某股票上半年的收盘价、某城市近 10 年的降雨量等。时间序列中的时间段可以是一组固定频率或非固定频率的时间值，时间形式可以是年份、季度、月份或其他时间形式。

在 pandas 中创建 Series 类或 DataFrame 类对象时可以指定索引为时间索引，生成一个时间序列，代码如下。

```
In  []:  import pandas as pd
         from datetime import datetime
         # 创建时间索引
         date_index = pd.to_datetime(['20180820', '20180828', '20180908'])
         print(date_index)
         # 创建Series类对象，指定索引为时间索引
         date_ser = pd.Series([11, 22, 33], index=date_index)
         print(date_ser)
```

```
DatetimeIndex(['2018-08-20', '2018-08-28', '2018-09-08'], dtype='datetime64[ns]',
freq=None)
2018-08-20    11
2018-08-28    22
2018-09-08    33
dtype: int64
```

以上代码中，首先使用 to_datetime() 函数创建了一个代表日期时间的 DatetimeIndex 类的对象 date_index，然后创建了一个 Series 类对象，同时指定该对象的索引为 date_index，从而生成了一个时间序列。

从输出结果可以看出，Series 类对象的索引变成了“年 – 月 – 日”形式且没有固定频率的日期。

3.1.2 DataFrame

DataFrame 也是由 pandas 库提供的一个类，DataFrame 类对象的结构类似于二维数组或表格。与 Series 类对象类似，DataFrame 类对象也由索引和数据组成，但该对象有两组索引，分别是行索引和列索引。DataFrame 类对象的结构示意图如图 3-2 所示。

在图 3-2 中，DataFrame 类对象的行索引位于最左侧一列，列索引位于最上面一行。DataFrame 类对象其实可以视为若干个公用行索引的 Series 类对象的组合，该对象的每一列数据都是一个 Series 类对象。

通过 DataFrame 类的构造方法可以创建二维数据。DataFrame 类构造方法的语法格式如下。

```
pandas.DataFrame(data=None, index=None, columns=None,
                 dtype=None, copy=False)
```

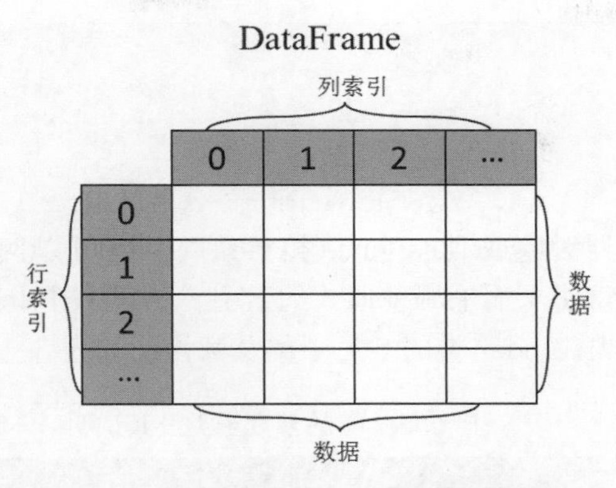

图 3-2　DataFrame 类对象的结构示意图

以上构造方法中各参数的含义如下。

- data：表示传入的数据，可以是 ndarray、字典、列表或可迭代对象。
- index：表示行索引，默认生成 0~*N* 的整数索引。
- columns：表示列索引，默认生成 0~*N* 的整数索引。
- dtype：表示数据的类型。
- copy：表示是否复制数据，默认为 False。

接下来，通过在 DataFrame() 方法中传入二维数组的方式创建 DataFrame 类对象，代码如下。

```
In  []:  import numpy as np
         import pandas as pd
         # 创建二维数组
         demo_arr = np.array([['a', 'b', 'c'], ['d', 'e', 'f']])
         df_obj = pd.DataFrame(demo_arr)        # 根据二维数组创建DataFrame类对象
         print(df_obj)
            0  1  2
         0  a  b  c
         1  d  e  f
```

以上代码首先创建了一个 2 行 3 列的二维数组 demo_arr，然后根据 demo_arr 创建了一个 DataFrame 类对象 df_obj。从输出结果可以看出，df_obj 对象一共有 3 列数据，其行索引与列索引均为自动生成的整数索引。

在创建 DataFrame 类对象时，可以通过给 index 和 columns 参数传值的方式指定行索引与列索引，使该对象拥有自定义的标签索引，代码如下。

```
In  []:  # 创建DataFrame类对象，同时指定行索引与列索引
         df_obj = pd.DataFrame(demo_arr, index = ['row_01','row_02'],
                               columns=['col_01', 'col_02', 'col_03'])
         print(df_obj)
                col_01 col_02 col_03
         row_01    a      b      c
         row_02    d      e      f
```

3.2 索引操作

3.2.1 索引对象

pandas 中创建 Series 类对象或 DataFrame 类对象时，既可以使用自动生成的整数索引，也可以使用自定义的标签索引。无论哪种形式的索引，都是一个 Index 类的对象。Index 是一个基类，它派生了许多子类。Index 类的常见子类及其说明如表 3-1 所示。

表 3-1 Index 类的常见子类及其说明

子类	说明
Int64Index	整数索引
Float64Index	浮点数索引
DatetimeIndex	纳秒级时间索引
PeriodIndex	时间间隔索引
MultiIndex	分层索引

表 3-1 罗列了 Index 类的常见子类，其中前 4 个类只能被用于创建单层索引（轴方向上只有一层结构的索引），如前面创建的 Series 类和 DataFrame 类对象的索引；最后的 MultiIndex 类代表分层索引，即轴方向上有两层或两层以上结构的索引。基于分层索引的 Series 类对象与 DataFrame 类对象分别如图 3-3 和图 3-4 所示。

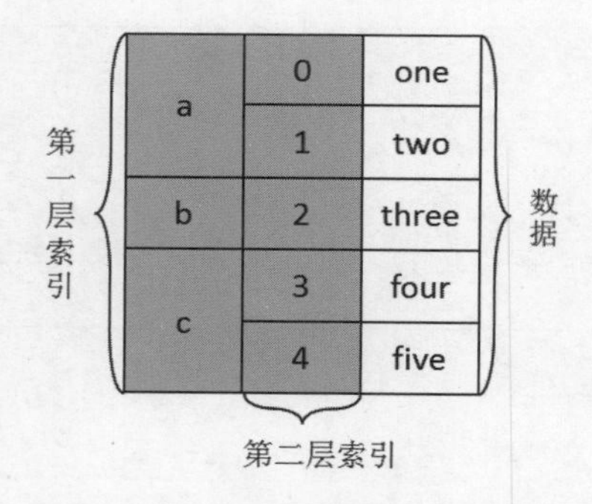

图 3-3 基于分层索引的 Series 类对象

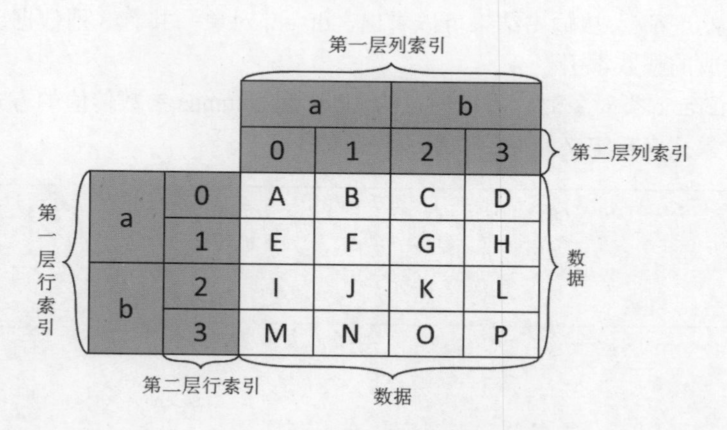

图 3-4 基于分层索引的 DataFrame 类对象

在图3-3中，Series类对象有两层索引，第一层索引a嵌套了第二层索引0、1以及数据one和two；第一层索引b嵌套了第二层索引2以及数据three；第一层索引c嵌套了第二层索引3、4以及数据four和five。

在图3-4中，DataFrame类对象有两层行索引和列索引，第一层行索引a嵌套了行索引0、1及其对应的两行数据，行索引b嵌套了行索引2、3及其对应的两行数据；第一层列索引a嵌套了列索引0、1及其对应的两列数据，列索引b嵌套了列索引2、3及其对应的两列数据。

MultiIndex类中提供了4个创建分层索引的方法，这些方法及其说明如表3-2所示。

表3-2 MultiIndex类创建分层索引的方法及其说明

方法	说明
from_tuples()	根据元组创建分层索引
from_arrays()	根据数组创建分层索引
from_product()	从集合的笛卡儿乘积中创建分层索引
from_frame()	根据DataFrame类对象创建分层索引

为了让读者更好地理解分层索引，接下来，以from_tuples()方法为例，创建一个图3-4所示的DataFrame类对象，代码如下。

```
In  []:  import  pandas as pd
         tuple_clo = [('a', 0),('a', 1),('b', 2),('b', 2)]
         tuple_row = [('a', 0),('a', 1),('b', 2),('b', 2)]
         multi_index_col = pd.MultiIndex.from_tuples(tuples=tuple_clo)
         multi_index_row = pd.MultiIndex.from_tuples(tuples=tuple_row)
         data = [['A','B','C','D'],['E','F','G','H'],
                 ['I','J','K','L'],['M','N','O','P']]
         df = pd.DataFrame(data,index=multi_index_col,columns=multi_index_row)
         print(df)
                a      b
                0   1  2   2
         a   0  A   B  C   D
             1  E   F  G   H
         b   2  I   J  K   L
             2  M   N  O   P
```

以上代码中，首先创建了两个列表tuple_clo和tuple_row，每个列表中均包含了4个元组，其中前两个元组的首位元素都是a，后两个元组的首位都是元素b；然后根据列表tuple_clo和tuple_row创建了两个分层索引multi_index_col和multi_index_row，其中分层索引multi_index_col中的第一层索引是元组的首位元素，第二层索引是元组的末位元素；最后创建了一个DataFrame类对象，将分层索引multi_index_col和multi_index_row分别作为该对象的列索引与行索引，将data中的每个列表作为该对象的一行数据。从输出结果可以看出，DataFrame类对象有两层行索引和列索引，其中第一层行索引或列索引为a和b。

3.2.2 使用单层索引访问数据

pandas中提供了多种使用单层索引访问Series类对象和DataFrame类对象的方式，包括[]、loc、iloc、at和iat，关于这几种方式的介绍如下。

1. 使用 [] 访问数据

pandas 中使用 [] 访问数据的方式与访问数组元素的方式类似，其使用方式如下。

```
变量[索引]
```

需要说明的是，若变量是一个 Series 类对象，则会获取索引对应的单个数据；若变量是一个 DataFrame 类对象，它在使用“[索引]”访问数据时会将索引视为列索引，获取该索引对应的一列数据。

下面创建一个 Series 类对象 ser，使用“变量[索引]”访问该对象的单个数据，代码如下。

```
In  []:  import pandas as pd
         ser = pd.Series(['A','B','C','D'],
                         index=['one','two','three','four'])
         print(ser)
         one      A
         two      B
         three    C
         four     D
         dtype: object
In  []:  # 访问索引为'one'的数据
         print(ser['one'])
         A
```

下面创建一个 DataFrame 类对象 df，使用“变量[索引]”访问该对象的一列数据，代码如下。

```
In  []:  df = pd.DataFrame([[0, 2, 3], [0, 4, 1], [10, 20, 30]],
                            index=[4, 5, 6], columns=['A', 'B', 'C'])
         print(df)
             A   B   C
         4   0   2   3
         5   0   4   1
         6  10  20  30
In  []:  # 访问列索引为'A'的数据
         print(df['A'])
         4     0
         5     0
         6    10
         Name: A, dtype: int64
```

2. 使用 loc 和 iloc 访问数据

pandas 中也可以使用 loc 和 iloc 访问数据，其使用方式如下。

```
变量.loc[索引]
变量.iloc[索引]
```

以上方式中，“loc[索引]”中的索引必须为自定义的标签索引，而“iloc[索引]”中的索引必须为自动生成的整数索引。需要说明的是，若变量是一个 DataFrame 类对象，它在使用“loc[索引]”或“iloc[索引]”访问数据时会将索引视为行索引，获取该索引对应的一行数据。

接下来，分别使用 loc 和 iloc 访问 ser 对象中标签索引为 'two' 与整数索引为 2 的数据，代码如下。

```
In  []:  # 访问标签索引为'two'的数据
         print(ser.loc['two'])
         B
In  []:  # 访问整数索引为2的数据
         print(ser.iloc[2])
         C
```

使用 loc 和 iloc 访问 df 对象中标签索引为 4 和整数索引为 1 的数据，代码如下。

```
In  []:  # 访问标签索引为4的数据
         print(df.loc[4])
         A    0
         B    2
         C    3
         Name: 4, dtype: int64
In  []:  # 访问整数索引为1的数据
         print(df.iloc[1])
         A    0
         B    4
         C    1
         Name: 5, dtype: int64
```

3. 使用 at 和 iat 访问数据

pandas 中还可以使用 at 和 iat 访问数据。与前两种方式相比，这种方式可以访问 DataFrame 类对象中的单个数据。以 DataFrame 类对象为例，使用 at 和 iat 访问数据的基本方式如下。

```
变量 .at[ 行索引 , 列索引 ]
变量 .iat[ 行索引 , 列索引 ]
```

以上方式中，“at[行索引 , 列索引]” 中的索引必须为自定义的标签索引，“iat[行索引 , 列索引]” 中的索引必须为自动生成的整数索引。

接下来，使用 at 访问 df 对象中行标签索引为 5、列标签索引为 'B' 的数据，代码如下。

```
In  []:  # 访问行标签索引为5、列标签索引为'B'的数据
         print(df.at[5, 'B'])
         4
```

使用 iat 访问 df 对象中行整数索引为 1、列整数索引为 1 的数据，代码如下。

```
In  []:  # 访问行整数索引为1、列整数索引为1的数据
         print(df.iat[1,1])
         4
```

3.2.3 使用分层索引访问数据

与单层索引的用法相比，分层索引的用法要复杂一些，但分层索引只支持 []、loc 和 iloc

这 3 种方式。接下来，为大家介绍如何使用分层索引来访问 Series 类对象和 DataFrame 类对象中的数据。

1. 使用 [] 访问数据

由于分层索引的索引层数比单层索引的索引层数多，在使用 [] 访问数据时，需要根据不同的需求传入不同层级的索引。以具有两层结构的分层索引为例，使用 [] 访问数据的方式如下。

```
变量 [ 第一层索引 ]
变量 [ 第一层索引 ] [ 第二层索引 ]
```

以上方式中，使用“变量 [第一层索引]”可以访问第一层索引嵌套的第二层索引及其对应的数据；使用“变量 [第一层索引][第二层索引]”可以访问第二层索引对应的数据。

下面创建一个具有两层索引结构的 Series 类对象，并使用 [] 访问该对象中不同层级索引对应的数据，代码如下。

```
In  []:  mult_series = pd.Series([95, 103, 80, 80, 90, 91, 91],
                        index=[['计算机专业', '计算机专业', '计算机专业', '计算机专业',
                               '体育专业', '体育专业', '体育专业'],
                              ['物联网工程', '软件工程', '网络安全', '信息安全',
                               '体育教育', '休闲体育', '运动康复']])
         print(mult_series)
         计算机专业  物联网工程    95
                    软件工程     103
                    网络安全      80
                    信息安全      80
         体育专业    体育教育      90
                    休闲体育      91
                    运动康复      91
         dtype: int64
In  []:  # 访问第一层索引为'计算机专业'的数据
         print(mult_series['计算机专业'])
         物联网工程    95
         软件工程     103
         网络安全      80
         信息安全      80
         dtype: int64
In  []:  # 访问第二层索引为'软件工程'的数据
         print(mult_series['计算机专业']['软件工程'])
         103
```

以上代码首先创建了一个具有分层索引的 Series 类对象 mult_series，该对象中的第一层索引 '计算机专业' 嵌套了 '物联网工程 ' ' 软件工程 ' ' 网络安全 ' ' 信息安全 ' 共 4 个索引，然后访问了该对象中第一层索引 ' 计算机专业 ' 嵌套的索引及数据，最后又访问了第一层索引 ' 计算机专业 ' 嵌套的索引为 ' 软件工程 ' 的数据。观察第 2 次与第 3 次输出的结果可知，程序返回了一个具有单层索引的 Series 类对象与单个数据。

下面创建一个具有两层行索引与列索引结构的 DataFrame 类对象 frame，并使用 [] 访问 frame 中不同层级索引对应的数据，代码如下。

```
In  []:  import numpy as np
         arrays = ['a','a','b','b'],[1,2,1,2]
         frame = pd.DataFrame(np.arange(12).reshape((4,3)),
                         index=pd.MultiIndex.from_arrays(arrays),
                         columns=[['A','A','B'],
                                  ['Green','Red','Green']])
         print(frame)
              A          B
           Green Red Green
         a 1     0   1     2
           2     3   4     5
         b 1     6   7     8
           2     9  10    11
In  []:  # 访问第一层索引为'A'的数据
         print(frame['A'])
              Green  Red
         a 1      0    1
           2      3    4
         b 1      6    7
           2      9   10
In  []:  # 访问'A'嵌套的索引为'Green'的数据
         print(frame['A']['Green'])
         a  1    0
            2    3
         b  1    6
            2    9
         Name: Green, dtype: int32
```

2. 使用 loc 和 iloc 访问数据

使用 loc 和 iloc 也可以访问具有分层索引的 Series 类对象或 DataFrame 类对象。以具有两层结构的分层索引为例，使用 loc 和 iloc 访问数据的格式如下。

```
变量 .loc[ 第一层索引 ]                  # 访问第一层索引对应的数据
变量 .loc[ 第一层索引 ][ 第二层索引 ]      # 访问第二层索引对应的数据
变量 .iloc[ 整数索引 ]                   # 访问整数索引对应的数据
```

接下来，使用 loc 访问 frame 对象中第一层列索引 'a' 和第二层列索引 'A' 的数据，代码如下。

```
In  []:  # 访问第一层列索引'a'嵌套的索引及数据
         print(frame.loc['a'])
             A          B
          Green Red Green
         1     0   1     2
         2     3   4     5
In  []:  # 访问第二层列索引'A'对应的数据
         print(frame.loc['a', 'A'])
           Green  Red
         1      0    1
         2      3    4
```

使用 iloc 访问 frame 对象中整数索引为 2 的数据，代码如下。

```
In  []:  frame.iloc[2]
Out []:  A  Green    6
            Red      7
         B  Green    8
         Name: (b, 1), dtype: int32
```

3.2.4 重新索引

重新索引是重新为原对象设定索引，以构建一个符合新索引规则的对象。pandas 中使用 reindex() 方法实现重新索引功能，该方法会参照原有的 Series 类对象或 DataFrame 类对象的索引设置数据：若新索引存在于原对象中，则将其对应的数据设为原数据，否则将其对应的数据填充为缺失值 NaN。

reindex() 方法的语法格式如下（以 DataFrame 类的方法为例）。

```
reindex(labels=None, index=None, columns=None, axis=None,
    method=None, copy=True, level=None, fill_value=nan, limit=None,
    tolerance=None)
```

reindex() 方法中常用参数的含义如下。

- index：表示新的行索引。
- colunms：表示新的列索引。
- method：表示缺失值的填充方式，支持 'None'(默认值)、'fill' 或 'pad'、'bfill' 或 'backfill'、'nearest' 这几个值。其中 'None' 代表不填充缺失值；'fill' 或 'pad' 代表前向填充缺失值；'bfill' 或 'backfill' 代表后向填充缺失值；'nearest' 代表根据最近的值填充缺失值。
- fill_vlaue：表示缺失值的替代值。
- limit：表示前向或者后向填充的最大填充量。

接下来，创建一个 DataFrame 类对象 df，并使用 reindex() 方法重新为该对象指定索引，代码如下。

```
In  []:  index = ['Firefox', 'Chrome', 'Safari', 'IE10', 'Konqueror']
         df = pd.DataFrame({'http_status': [200, 200, 404, 404, 301],
                            'response_time': [0.04, 0.02, 0.07, 0.08, 1.0]},
                            index=index)
         print(df)
         print('-------重新索引后-------')
         # 重新索引
         new_index = ['Safari', 'Iceweasel', 'Comodo Dragon', 'IE10','Chrome']
         new_df = df.reindex(new_index)
         print(new_df)
```

```
             http_status  response_time
Firefox            200           0.04
Chrome             200           0.02
Safari             404           0.07
IE10               404           0.08
Konqueror          301           1.00
---------------- 重新索引后 ----------------
                 http_status  response_time
Safari                 404.0           0.07
Iceweasel                NaN            NaN
Comodo Dragon            NaN            NaN
IE10                   404.0           0.08
Chrome                 200.0           0.02
```

以上代码首先创建了一个5行2列的DataFrame类对象，该对象的行索引依次为'Firefox'、'Chrome'、'Safari'、'IE10'、'Konqueror'，然后使用reindex()方法将该对象的行索引重新设定为'Safari'、'Iceweasel'、'Comodo Dragon'、'IE10'、'Chrome'。通过比较重新索引前后的输出结果可知，索引为'Safari'、'IE10'、'Chrome'的数据为原数据，索引为'Iceweasel'、'Comodo Dragon'的数据被填充为NaN。

此时可以使用指定值对缺失值进行填充，代码如下。

```
In  []:  # 通过fill_value参数，使用指定值对缺失值进行填充
         new_df = df.reindex(new_index, fill_value='missing')
         print(new_df)
```

```
               http_status response_time
Safari               404.0          0.07
Iceweasel          missing       missing
Comodo Dragon      missing       missing
IE10                 404.0          0.08
Chrome               200.0          0.02
```

reindex()方法不仅可以对行索引进行重新索引，还可以对列索引进行重新索引。例如，将df对象的列索引重新设置为'http_status'和'user_agent'，代码如下。

```
In  []:  col_df = df.reindex(columns=['http_status', 'user_agent'])
         print(col_df)
```

```
             http_status  user_agent
Firefox              200         NaN
Chrome               200         NaN
Safari               404         NaN
IE10                 404         NaN
Konqueror            301         NaN
```

3.3 数据排序

数据排序是一种比较常见的操作。因为pandas中的Series类对象和DataFrame类对象均

是由索引与数据组合而成的数据结构，所以它们既可以按索引进行排序，也可以按值进行排序。本节将针对数据排序进行介绍。

3.3.1 按索引排序

pandas 中提供了 sort_index() 方法，使用 sort_index() 方法可以让 Series 类对象和 DataFrame 类对象按索引的大小进行排序。sort_index() 方法的语法格式如下。

```
sort_index(axis=0, level=None, ascending=True, inplace=False,
kind='quicksort', na_position='last', sort_remaining=True,
ignore_index: bool = False)
```

sort_index() 方法中常用参数的含义如下。

- axis：表示轴编号（排序的方向），0 代表按行排序，1 代表按列排序。
- level：表示按哪个索引层级排序，默认为 None。若不为 None，说明按指定的索引级别值进行排序。
- ascending：表示是否以升序方式排列，默认为 True。若设置为 False，则表示以降序方式排列。
- kind：表示排序算法，默认值为 'quicksort'(快速排序算法)。

接下来，创建一个 DataFrame 类对象，并使用 sort_index() 方法对 DataFrame 类对象进行排序，代码如下。

```
In  []:  df = pd.DataFrame(np.arange(9).reshape((3, 3)),
                              columns=['c', 'a', 'b'],index=['B','C','A'])
         print(df)
         print('-------排序后-------')
         # df对象的行索引按从小到大的顺序排序
         row_sort = df.sort_index()
         print(row_sort)
            c  a  b
         B  0  1  2
         C  3  4  5
         A  6  7  8
         -------排序后-------
            c  a  b
         A  6  7  8
         B  0  1  2
         C  3  4  5
```

通过比较排序前后的输出结果可知，执行 sort_index() 方法后，DataFrame 类对象的行索引按从小到大的顺序排列，该索引对应的一行数据的位置也随之改变。

若希望按照列索引的大小排列数据，则需要将 sort_index() 方法中的参数 axis 设置为 1，代码如下。

```
In  []:  col_sort = df.sort_index(axis=1)
         print(col_sort)
```

```
    a  b  c
B   1  2  0
C   4  5  3
A   7  8  6
```

从输出结果可以看出，DataFrame类对象的数据已经按列索引进行了排序。

3.3.2 按值排序

pandas中可以使用sort_values()方法将Series、DataFrmae类对象按值的大小排序。sort_values()方法的语法格式如下。

```
DataFrame.sort_values(by, axis=0, ascending=True, inplace=False,
    kind='quicksort', na_position='last', ignore_index=False)
```

sort_values()方法中常用参数的含义如下。

- by：表示根据指定的列索引名（axis=0或'index'）或行索引名（axis=1或'columns'）进行排序。
- axis：表示轴编号（排序的方向），0代表按行排序，1代表按列排序。
- ascending：表示是否以升序方式排列，默认为True。若设置为False，则表示以降序方式排列。
- na_position：表示缺失值的显示位置，取值可以为'first'(首位)或'last'(末位)。

接下来，创建一个包含缺失值（缺失值是指缺失或丢失的值，后文会介绍）的DataFrame类对象，代码如下。

```
In  []:  import numpy as np
         df = pd.DataFrame({'col_A':[1,1,4,6],
                            'col_B':[4,np.nan,4,2],
                            'col_C':[6,3,8,0]})
         print(df)
            col_A  col_B   col_C
         0  1      4.0     6
         1  1      NaN     3
         2  4      4.0     8
         3  6      2.0     0
```

然后，让df对象根据列索引'col_B'的值进行排序，代码如下。

```
In  []:  new_df = df.sort_values(by='col_B')
         print(new_df)
              col_A  col_B  col_C
         3        6    2.0      0
         0        1    4.0      6
         2        4    4.0      8
         1        1    NaN      3
```

从输出结果可以看出，df对象中'col_B'的值已经按从小到大的顺序排列了。

若需要将DataFrame类对象中末尾的缺失值显示在最前面，可以在使用sort_values()方法排序时将na_position参数的值设置为'first'，代码如下。

```
In  []:  df.sort_values(by='col_B', na_position='first')
Out []:       col_A  col_B  col_C
         1      1     NaN     3
         3      6     2.0     0
         0      1     4.0     6
         2      4     4.0     8
```

从输出结果可以看出，df 对象中存在缺失值的一行数据已经排在最前面。

3.4 统计计算与统计描述

pandas 中提供了一些常用的数学统计的方法，使用这些方法可以轻松地对一行、一列或全部的数据进行统计计算，并从数据中计算得出一个统计量（如平均值、方差等），此外也可以一次性描述一组数据的多个统计量。本节将介绍统计计算与统计描述。

3.4.1 统计计算

统计计算是数据分析中比较常见的操作，主要是对一组数据运用一些统计计算方法，并通过这些统计计算方法得出相应的统计量。常见的统计计算包括计算和、平均值、最大值、最小值、方差等。pandas 中为 Series 类对象和 DataFrame 类对象提供了一些统计计算方法。常见的统计计算方法及其说明如表 3-3 所示。

表 3-3 常见的统计计算方法及其说明

方法名称	说明
sum()	计算和
mean()	计算平均值
max()、min()	计算最大值、最小值
idxmax()、idxmin()	计算最大索引值、最小索引值
count()	计算非 NaN 值的个数
var()	计算样本值的方差
std()	计算样本值的标准差
cumsum()、cumprod()	计算样本值的累计和、样本值的累计积
cummin()、cummax()	计算样本值累计最小值、样本值累计最大值

接下来，创建一个 4 行 3 列的 DataFrame 类对象 df，代码如下。

```
In  []:  import pandas as pd
         import numpy as np
         df = pd.DataFrame({'col_A':[2,34,25,4],
                            'col_B':[0,3,45,9],
                            'col_C':[7,5,5,3]},
                            index=['A','B','C','D'])
         print(df)
            col_A   col_B    col_C
         A    2       0        7
         B    34      3        5
         C    25      45       5
         D    4       9        3
```

使用 max() 方法获取 df 对象中每列的最大值，代码如下。

```
In  []:  df.max()   # 获取每列的最大值
Out []:  col_A    34
         col_B    45
         col_C     7
         dtype: int64
```

使用 idxmax() 方法获取 df 对象中每列最大值对应的行索引，代码如下。

```
In  []:  df.idxmax()   # 获取每列最大值对应的行索引
Out []:  col_A    B
         col_B    C
         col_C    A
         dtype: object
```

从输出结果可以看出，col_A 列中最大值对应的行索引为 B；col_B 列中最大值对应的行索引为 C；col_C 列中最大值对应的行索引为 A。

3.4.2 统计描述

如果希望一次性描述 Series 类对象或 DataFrame 类对象的多个统计量，如总个数、平均值、方差、最小值等，那么可以使用 describe() 方法实现，而不用逐个调用统计计算方法。describe() 方法的语法格式如下。

```
describe(percentiles=None, include=None, exclude=None)
```

describe() 方法中常用参数的含义如下。

- percentiles：表示结果包含的百分数，位于 [0,1]。若不设置该参数，则默认为 [0.25,0.5,0.75]，即展示 25%、50%、75% 分位数。
- include：表示结果中包含数据类型的白名单，默认为 None。
- exclude：表示结果中忽略数据类型的黑名单，默认为 None。

接下来，创建一个 DataFrame 类对象 df_obj，使用 describe() 方法获取 df_obj 对象的统计描述，代码如下。

```
In  []:  df_obj = pd.DataFrame({'object':['a', 'b', 'c', 'c'],
                                'number':[-1, 7, 50, 36],
                                'category':pd.Categorical(['apple',
                                     'banana', 'orange', 'peach'])})
         print(df_obj)
           object   number   category
         0      a       -1      apple
         1      b        7     banana
         2      c       50     orange
         3      c       36      peach
In  []:  # 查看df_obj对象的统计描述
         df_obj.describe()
```

```
Out []:             number
         count   4.000000
         mean   23.000000
         std    24.013885
         min    -1.000000
         25%     5.000000
         50%    21.500000
         75%    39.500000
         max    50.000000
```

从第 2 次的输出结果可以看出，程序输出了 df_obj 对象的多个统计量，其中总个数为 4.000000，平均值为 23.000000，方差为 24.013885，最小值为 -1.000000，25% 分位数为 5.000000，50% 分位数为 21.500000，75% 分位数为 39.500000，最大值为 50.000000。

3.5 绘制图表

数值型的数据不仅给人枯燥的感觉，而且无法直观地反映其中的问题。为了能快速地从数据中获取关键信息，可通过图表这种可视化方式对数据进行展示。pandas 的 DataFrame 类对象和 Series 类对象中提供了一个简单的绘制图表的方法 plot()。plot() 方法的语法格式如下。

```
plot(x=None, y=None, kind='line', ax=None, subplots=False,
    sharex=None, sharey=False, layout=None,figsize=None,
    use_index=True, title=None, grid=None, legend=True,
    style=None, logx=False, logy=False, loglog=False,
    xlabel=None, ylabel=None, xlim=None, ylim=None, rot=None,
    xerr=None,secondary_y=False, sort_columns=False, **kwargs)
```

plot() 方法中常用参数的含义如下。

- x，y：表示 x 轴和 y 轴的数据。
- kind：表示绘图的类型，该参数的取值可以为 'line'(折线图，默认)、'bar'(柱形图)、'barh'(条形图)、'hist'(直方图)、'box'(箱形图)、'kde'(密度图)、'pie'(饼图)等。
- figsize：表示图表尺寸的大小（单位为像素），该参数接收一个元组类型的数据。元组中需包含两个元素，这两个元素分别代表图表的宽度和高度。
- title：表示图表的标题。
- grid：表示是否显示网格线，若值为 True，则显示网格线。
- xlabel：表示 x 轴的标签。
- ylabel：表示 y 轴的标签。
- rot：表示轴标签旋转的角度。

接下来，通过两个示例来演示如何使用 plot() 方法绘制常见的柱形图和箱形图。首先创建一个 4 行 3 列的 DataFrame 类对象，代码如下。

```
In  []:  import pandas as pd
         df = pd.DataFrame({'商品A':[2, 34, 25, 4],
                            '商品B':[1, 3, 45, 9],
                            '商品C':[7, 5, 5, 3]},
                            index=['第1季度', '第2季度', '第3季度', '第4季度'])
         print(df)
                 商品A   商品B   商品C
         第1季度     2     1     7
         第2季度    34     3     5
         第3季度    25    45     5
         第4季度     4     9     3
```

使用 plot() 方法绘制基于 df 对象的柱形图，代码如下。

```
In  []:  # 导入matplotlib库
         import matplotlib.pyplot as plt
         # 设置显示中文
         plt.rcParams['font.sans-serif'] = ['SimHei']
         df.plot(kind='bar', xlabel='季度', ylabel='销售额（万元）', rot=0)
```

需要说明的是，pandas 中使用 plot() 方法绘制的图表默认是不支持显示中文的。为保证图表中坐标轴的标签能够正常地显示出来，这里需要借助 matplotlib 库，通过“plt.rcParams ['font.sans-serif'] = ['SimHei']”将图表中文本的字体设置为黑体。

运行代码，效果如图 3-5 所示。

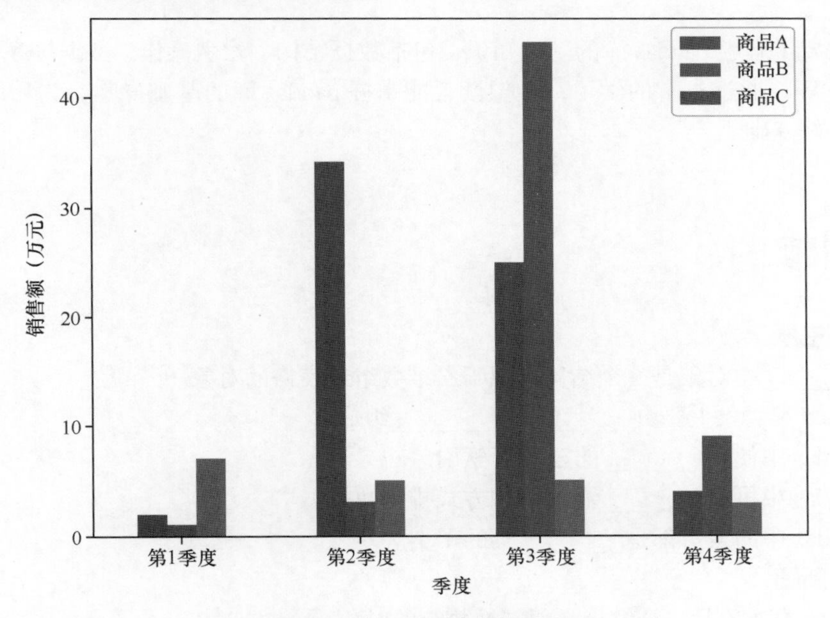

图 3-5　基于 df 对象的柱形图

在图 3-5 中，x 轴上每个刻度均对应 3 个柱形条，每个柱形条从左到右分别代表各季度商品 A、商品 B、商品 C 的销售额。

使用 plot() 方法绘制基于 df 对象的箱形图，代码如下。

```
In  []:  df.plot(kind='box', ylabel='销售额（万元）')
```

运行代码，效果如图 3-6 所示。

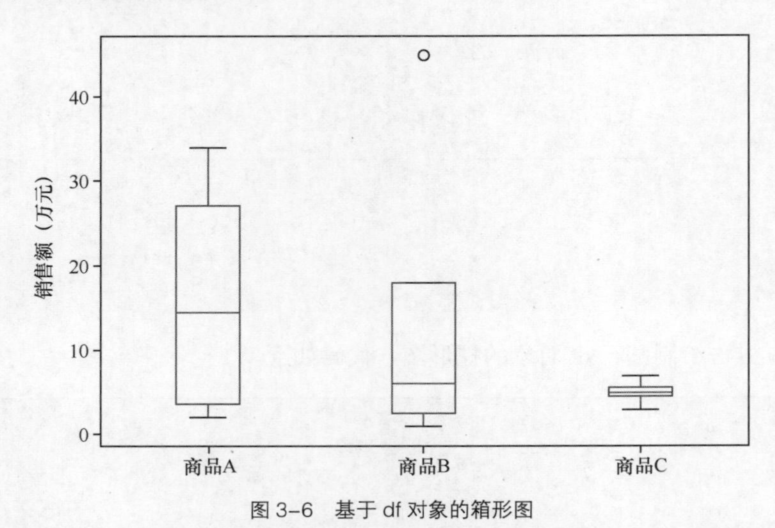

图 3-6　基于 df 对象的箱形图

在图 3-6 中，每个箱形分别代表各季度商品 A、商品 B、商品 C 销售额的分布情况；顶部的圆圈是一个离群点，代表异常值（第 5 章会介绍）。

3.6　本章小结

本章主要讲解了 pandas 库的基础知识，包括数据结构、索引操作、数据排序、统计计算与统计描述等。通过本章的学习，希望读者能掌握 pandas 库的基础操作，为后续深入学习 pandas 库打好基础。

3.7　习题

一、填空题

1. ________类对象是一个结构类似于二维数组或表格的对象。
2. Series 类对象主要由________和________组成。
3. pandas 中使用________方法重新索引。
4. pandas 中可按________和值两种方式排列数据。
5. pandas 中的索引都是________类的子类。

二、判断题

1. Series 类对象是一个结构类似二维数组的对象。(　　)
2. DataFrame 类对象没有列索引。(　　)
3. 分层索引只允许在列方向上有两层或两层以上的索引。(　　)
4. pandas 中使用 sort_index() 方法可按索引的大小排列数据。(　　)

三、选择题

1. 下列选项中，可以根据元组创建分层索引的是（　　）。

A. from_tuples()　　B. from_arrays()

C. from_product()　　D. from_tframe()

2. 下列选项中，哪个方法可以一次性输出 pandas 对象的多个统计量？（　　）

A. describe()　　B. mean()

C. median()　　D. sum()

3. 请阅读下面一段代码：

```
import pandas as pd
df = pd.DataFrame({'A': [1, 2], 'B': [3, 4]})
df.iat[1,1]
```

以上代码执行后，结果为（　　）。

A. 1　　B. 2

C. 3　　D. 4

4. 下列方法中，用于求一组数据平均值的是（　　）。

A. sum()　　B. count()

C. mean()　　D. var()

5. 关于 pandas 数据结构的说法中，下列描述正确的是（　　）。

A. 若创建 DataFrame 类对象时未指定索引，该对象会自动生成 1~N 的整数索引

B. Series 类对象有行索引与列索引

C. DataFrame 类对象是一个结构类似于二维数组的对象

D. DataFrame 类对象不支持重新索引操作

四、简答题

1. 简述 Series 与 DataFrame 的特点。

2. 简述 pandas 访问数据的几种方式。

五、编程题

现有图 3-7 所示的表格数据。

	A	B	C	D
0	38	23.5	40.2	23
1	48	63	44	44
2	29	58	2	25
3	40	77	31	56

图 3-7　表格数据

按要求操作图 3-7 中的表格数据，具体如下。

（1）创建一个结构与表格相同的 DataFrame 类对象。

（2）以 D 列的值为准，按从小到大的顺序重新排列 DataFrame 类对象的数据。

（3）求行索引 1 对应的一行数据的平均值。

第4章

数据获取

学习目标

★掌握如何获取 CSV 和 TXT 文件中的数据

★掌握如何获取 Excel 文件中的数据

★掌握如何获取 JSON 文件中的数据

★掌握如何获取 HTML 表格中的数据

★掌握如何获取数据库中的数据

★熟悉如何获取 Word 和 PDF 文件中的数据

拓展阅读（4）

数据经过采集后通常会被存储到 Word、Excel、JSON 等文件或数据库中。数据获取是数据预处理的第一步，主要是从不同的渠道中获取数据。pandas 支持 CSV、TXT、Excel、JSON 这几种格式的文件和 HTML 表格的读取操作，另外 Python 可借助第三方库实现 Word 与 PDF 文件的读取操作。本章主要为大家介绍如何从多个渠道中获取数据，为预处理工作做好数据准备。

4.1 从 CSV 和 TXT 文件读取数据

CSV（Comma-Separated Values，逗号分隔值）和 TXT 是比较常见的文本格式，其文件以纯文本形式存储数据，其中 CSV 文件通常是以逗号或制表符为分隔符来分隔值的文本文档，扩展名为 .csv，可通过 Excel 等文本编辑器查看与编辑；TXT 是 Microsoft 公司在操作系统上附带的一种文本格式，其文件扩展名为 .txt，可通过记事本等软件查看。

pandas 中可使用 read_csv() 函数读取 CSV 或 TXT 文件中的数据，并将读取的数据转换成一个 DataFrame 类对象。read_csv() 函数的语法格式如下。

```
read_csv(filepath_or_buffer,sep=',', delimiter=None,
        header='infer', names=None, index_col=None, usecols=None,
        squeeze=False, prefix=None, mangle_dupe_cols=True, encoding=None...)
```

read_csv() 函数中常用参数的含义如下。

- filepath_or_buffer：表示文件的路径，可以为有效的路径字符串、路径对象或类似文件的对象。

• sep：表示指定的分隔符，默认为“,”。

• header：表示将指定文件中的哪一行数据作为 DataFrame 类对象的列索引，默认为 0，即将第一行数据作为列索引。

• names：表示 DataFrame 类对象的列索引列表，若文件中没有列标题，则 names 参数的值为 None。

• encoding：表示指定的编码格式。

为加深大家对 read_csv() 函数的理解，下面通过两个示例来演示如何使用 read_csv() 函数读取 CSV 和 TXT 文件中的数据，具体内容如下。

1. 读取 CSV 文件中的数据

假设现有一份存储了手机信息的 phones.csv 文件，使用 Excel 打开 phones.csv 文件后显示的数据如图 4-1 所示。

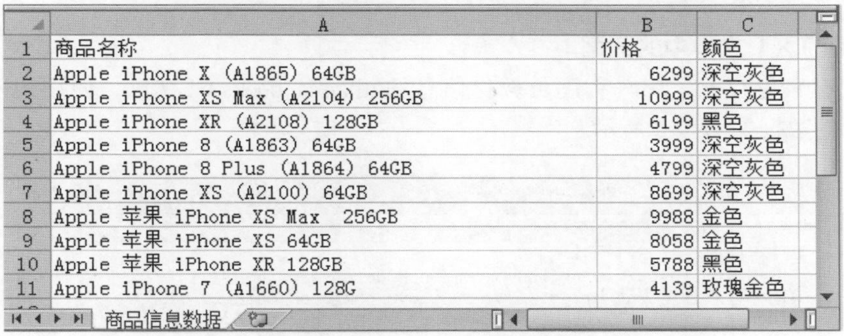

	A	B	C
1	商品名称	价格	颜色
2	Apple iPhone X (A1865) 64GB	6299	深空灰色
3	Apple iPhone XS Max (A2104) 256GB	10999	深空灰色
4	Apple iPhone XR (A2108) 128GB	6199	黑色
5	Apple iPhone 8 (A1863) 64GB	3999	深空灰色
6	Apple iPhone 8 Plus (A1864) 64GB	4799	深空灰色
7	Apple iPhone XS (A2100) 64GB	8699	深空灰色
8	Apple 苹果 iPhone XS Max 256GB	9988	金色
9	Apple 苹果 iPhone XS 64GB	8058	金色
10	Apple 苹果 iPhone XR 128GB	5788	黑色
11	Apple iPhone 7 (A1660) 128G	4139	玫瑰金色

商品信息数据

图 4-1　打开 phones.csv 文件后显示的数据

由图 4-1 可知，phones.csv 文件中共有 11 行 3 列的内容，其中第一行内容对应标题行，包括商品名称、价格和颜色共 3 个标题，其余行内容都是对应每条手机信息的数据。

接下来，使用 read_csv() 函数读取 phones.csv 文件中的数据，并指定编码格式为 gbk，代码如下。

```
In []:  import pandas as pd
        evaluation_data = pd.read_csv("phones.csv", encoding='gbk')
        print(type(evaluation_data))
        print('-'*50)
        print(evaluation_data)
```

```
<class 'pandas.core.frame.DataFrame'>
--------------------------------------------------
     商品名称                                  价格      颜色
0    Apple iPhone X (A1865) 64GB              6299     深空灰色
1    Apple iPhone XS Max (A2104) 256GB       10999     深空灰色
2    Apple iPhone XR (A2108) 128GB           6199      黑色
3    Apple iPhone 8 (A1863) 64GB              3999     深空灰色
4    Apple iPhone 8 Plus (A1864) 64GB         4799     深空灰色
5    Apple iPhone XS (A2100) 64GB             8699     深空灰色
6    Apple 苹果 iPhone XS Max 256GB           9988     金色
```

```
7    Apple 苹果 iPhone XS 64GB          8058    金色
8    Apple 苹果 iPhone XR 128GB         5788    黑色
9    Apple iPhone 7 (A1660) 128G        4139    玫瑰金色
```

从输出结果可以看出，程序在读取 phones.csv 文件中的数据后返回了一个 DataFrame 类对象，该对象的列索引对应着 phones.csv 文件中的行标题，数据对应着 phones.csv 文件中除行标题之外的内容，且根据数据的行数自动生成了一组行索引。

若要读取的文件中的内容过大，可以使用 head() 方法指定只获取文件中的前几行数据。例如，获取 evaluation_data 对象的前 3 行数据，代码如下。

```
In  []:  evaluation_data.head(3)
Out []:    商品名称                              价格       颜色
        0   Apple iPhone X (A1865) 64GB          6299     深空灰色
        1   Apple iPhone XS Max (A2104) 256GB    10999    深空灰色
        2   Apple iPhone XR (A2108) 128GB        6199         黑色
```

2．读取 TXT 文件中的数据

假设现有一份存储了黑马程序员教材信息的 itheima_books.txt 文件，使用记事本打开该文件后显示的数据如图 4-2 所示。

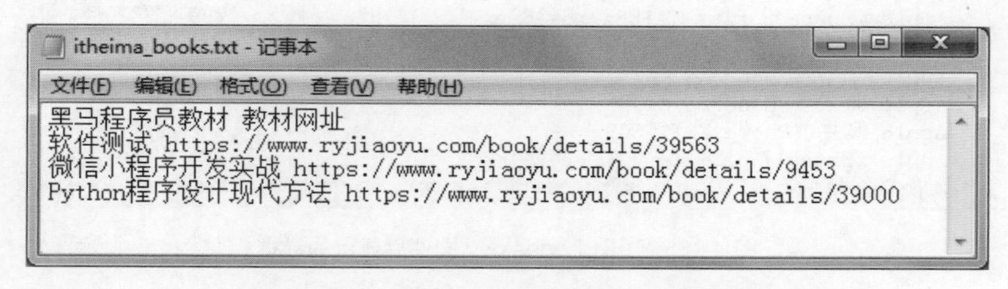

图 4-2　打开 itheima_books.txt 文件后显示的数据

由图 4-2 可知，文件中包含 4 行由空格分隔的两组文本内容。

接下来，使用 read_csv() 函数读取 itheima_books.txt 文件中的数据，并指定编码格式为 utf8，代码如下。

```
In  []:  txt_data = pd.read_csv("itheima_books.txt", encoding='utf8')
         print(txt_data)
            黑马程序员教材        教材网址
         0  软件测试 https://www.ryjiaoyu.com/book/details/39563
         1  微信小程序开发实战 https://www.ryjiaoyu.com/book/details/9453
         2  Python程序设计现代方法 https://www.ryjiaoyu.com/book/details/39000
```

从输出结果可以看出，DataFrame 类对象的列索引对应着 itheima_books.txt 文件中的第一行内容，数据对应着 itheima_books.txt 文件中的其余行内容。

4.2　从 Excel 文件读取数据

Excel 文件（Excel 2007 及以上版本的文件扩展名为 .xlsx）在日常工作中经常被使用，该文件主要用工作表存储数据，工作表中包含排列成行和列的单元格。Excel 文件中默认有 3 个工作表，用户可根据需要添加一定数量（因可用内存的限制）的工作表。

pandas 中使用 read_excel() 函数读取 Excel 文件中指定工作表的数据，并将数据转换成一个结构与工作表相似的 DataFrame 类对象。read_excel() 函数的语法格式如下。

```
pandas.read_excel(io, sheet_name=0, header=0, names=None, index_col=None,
    usecols=None,squeeze=False, dtype=None, engine=None,
    converters=None,true_values=None, false_values=None,
    skiprows=None, nrows=None,na_values=None, parse_dates=False,
    date_parser=None,thousands=None, comment=None, skipfooter=0,
    convert_float=True,**kwds)
```

read_excel() 函数中常用参数的含义如下。

- io：表示文件的路径。
- sheet_name：表示要读取的工作表，可以取值的类型为 str、int、list 或 None，默认值为 0。若取值为 "Sheet1"，代表名称为 "Sheet1" 的工作表；若取值为 1，代表第 2 个工作表；若取值为 [0, 1, "Sheet1"]，代表前两个名称为 "Sheet1" 的工作表；若取值为 None，代表所有的工作表。
- header：表示将指定文件中的哪一行数据作为 DataFrame 类对象的列索引。若传入一个整数列表，则该列表会被转换为一个 MultiIndex 对象。
- names：表示 DataFrame 类对象中列索引的列表。
- index_col：表示将 Excel 文件中的列标题作为 DataFrame 类对象的行索引。

值得一提的是，当使用 read_excel() 函数读取 Excel 文件时，若出现 importError 异常，说明当前 Python 环境中缺少读取 Excel 文件的依赖库 xlrd，需要手动安装依赖库 xlrd(命令为 pip install xlrd) 来解决。

假设现有一份保存了运动员信息的 Athletes_info.xlsx 文件，使用 Excel 打开该文件，并通过单击页面底部标签切换当前的工作表为“运动员信息”，显示的数据（部分）如图 4-3 所示。

	A	B	C	D	E	F	G	H
1	姓名	性别	出生年份	年龄（岁）	身高(cm)	体重(kg)	项目	省份
2	陈楠	女	1983	35	197	90	篮球	山东省
3	白发全	男	1986	32	175	64	铁人三项	云南省
4	陈晓佳	女	1988	30	180	70	篮球	江苏省
5	陈倩	女	1987	31	163	54	女子现代五	江苏省
6	曹忠荣	男	1981	37	180	73	男子现代五	上海市
7	曹缘	男	1995	23	160	42	跳水	北京市
8	曹硕	男	1991	27	180	76	男子三级跳	河北省
9	曾珍	女	1993	25	170	61	花样游泳	四川省

男性运动员　女性运动员　运动员信息

图 4-3　打开“运动员信息”工作表后显示的数据（部分）

由图 4-3 可知，文件中包含一个多行多列的工作表，工作表的第一行内容为标题行，每个标题对应一列数据。

接下来，使用 read_excel() 函数读取 Athletes_info.xlsx 文件中名称为“运动员信息”的工作表的数据，代码如下。

```
In  []:  import pandas as pd
         # 读取Excel文件，并指定工作表
         excel_data = pd.read_excel('Athletes_info.xlsx', sheet_name=2)
         # 显示前5行数据
         excel_data.head(5)
```

Out []:

	姓名	性别	出生年份（年）	年龄（岁）	身高(cm)	体重(kg)	项目	省份
0	陈楠	女	1983	35	197	90	篮球	山东省
1	白发全	男	1986	32	175	64	铁人三项	云南省
2	陈晓佳	女	1988	30	180	70	篮球	江苏省
3	陈倩	女	1987	31	163	54	女子现代五项	江苏省
4	曹忠荣	男	1981	37	180	73	男子现代五项	上海市

4.3 从 JSON 文件读取数据

JSON（JavaScript Object Notation，JS 对象简谱）是一种轻量级的数据交换格式，它以简洁和清晰的层次结构来组织数据，易于被人们阅读和编写。JSON 采用独立于编程语言的文本格式来存储数据，其文件的扩展名为 .json，可通过文本编辑工具查看。

pandas 中使用 read_json() 函数读取 JSON 文件中的数据，并将读取的数据转换成一个 DataFrame 类对象。read_json() 函数的语法格式如下。

```
pandas.read_json(path_or_buf=None, orient=None, typ='frame', dtype=None,
    convert_axes=None, convert_dates=True, keep_default_dates=True,
    numpy=False, precise_float=False, date_unit=None, encoding=None,
    lines=False, chunksize=None, compression='infer')
```

read_json() 函数中常用参数的含义如下。

- path_or_buf：表示文件的路径。
- orient：表示期望的 JSON 字符串格式，支持 'records'、'index'、'columns' 这几个取值，其中 'records' 代表期望的 JSON 格式为 [{column → value}, … , {column → value}]；'index' 代表期望的 JSON 格式为 {index → {column → value}}；'columns' 代表期望的 JSON 格式为 {column → {index → value}}。
- encoding：表示读取文件的指定编码格式。

假设现有一份存储了动物信息的 Animal_species.json 文件，使用记事本打开该文件后显示的数据如图 4-4 所示。

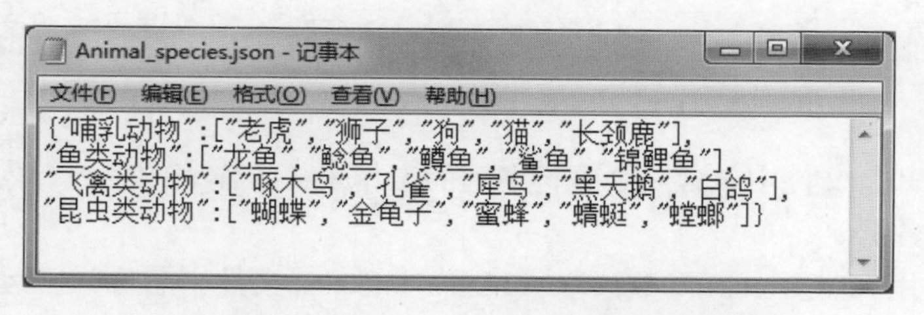

图 4-4 打开 Animal_species.json 文件后显示的数据

由图 4-4 可知，Animal_species.json 文件中有 4 行以“键 : 值”形式组织的数据，每个键都是一个字符串，每个键对应的值为一个包含 5 个元素的数组。

接下来，使用 read_json() 函数读取 Animal_species.json 文件中的数据，并指定读取文件时的编码格式为 utf8，代码如下。

```
In  []:  import pandas as pd
         # 读取JSON文件，指定编码格式为utf8
         json_data = pd.read_json('Animal_species.json', encoding='utf8')
         print(json_data)
```

	哺乳动物	鱼类动物	飞禽类动物	昆虫类动物
0	虎	龙鱼	啄木鸟	蝴蝶
1	猴子	鲶鱼	鹅	金龟子
2	狗	鳟鱼	犀鸟	蜜蜂
3	猫	鲨鱼	隼	蜻蜓
4	鹿	锦鲤鱼	企鹅	螳螂

从输出结果可以看出，DataFrame 类对象的列索引对应 JSON 文件中的所有键，每列数据对应 JSON 文件中的值。

4.4　从 HTML 表格读取数据

数据除了在文件中呈现，还可以在网页的 HTML（Hyper Text Markup Language，超文本标记语言）表格中呈现，为此 pandas 提供了用于读取网页 HTML 表格数据的 read_html() 函数。read_html() 函数的语法格式如下。

```
pandas.read_html(io, match='.+', flavor=None, header=None,
    index_col=None,skiprows=None, attrs=None, parse_dates=False,
    tupleize_cols=None, thousands=', ', encoding=None, decimal='.',
    converters=None,na_values=None, keep_default_na=True,
    displayed_only=True)
```

read_html() 函数中常用参数的含义如下。

- io：表示 HTML 网页的 URL 路径。
- match：表示返回与指定的正则表达式或字符串匹配的文本。
- flavor：表示使用的解析引擎。
- index_col：表示将网页表格中的列标题作为 DataFrame 类对象的行索引。
- encoding：表示解析网页的编码。
- na_values：表示自定义缺失值。

需要注意的是，read_html() 函数只能用于读取网页中的表格数据。该函数会返回一个包含网页中所有表格数据的列表，通过索引可获取对应位置的表格数据。

TIOBE 是一个编程语言社区，该社区每月会更新编程语言的热门程度排行榜。2020 年发布的历年最佳编程语言排行榜如图 4-5 所示。

Programming Language Hall of Fame

The hall of fame listing all "Programming Language of the Year" award winners is shown below. The award is given to the programming language that has the highest rise in ratings in a year.

Year	Winner
2019	C
2018	Python
2017	C
2016	Go
2015	Java
2014	JavaScript

图 4-5 历年最佳编程语言排行榜

接下来，使用 read_html() 函数读取图 4-5 所示的表格数据，代码如下。

```
In  []:  import requests
         # 获取数据
         html_data = requests.get('https://www.tiobe.com/tiobe-index/')
         # 读取网页中所有表格数据
         html_table_data = pd.read_html(html_data.content, encoding='utf-8')
         # 获取索引为3的表格数据
         html_table_data[3].head(5)
Out []:      Year    Winner
         0   2019    C
         1   2018    Python
         2   2017    C
         3   2016    Go
         4   2015    Java
```

4.5 从数据库读取数据

数据除了被保存在 CSV、TXT、Excel 等文件中，还可以被保存在数据库中。常见的数据库有 MySQL、Oracle、SQLite、PostgreSQL 等，其中 MySQL 是主流的关系数据库，它主要以数据表的形式组织数据。

pandas 读取 MySQL 数据库时需要保证当前的环境中已经安装了 SQLAlchemy 和 PyMySQL 模块，其中 SQLAlchemy 模块提供了与不同数据库连接的功能，而 PyMySQL 模块提供了通过 Python 操作 MySQL 数据库的功能。安装 SQLAlchemy 和 PyMySQL 模块的命令如下。

```
pip install SQLAlchemy   # 安装 SQLAlchemy 模块
pip install PyMySQL       # 安装 PyMySQL 模块
```

pandas 中用于读取数据库数据的函数有 read_sql_table()、read_sql_query() 和 read_sql()，这 3 个函数及其说明如表 4-1 所示。

表 4-1　读取数据库数据的函数及其说明

函数	说明
read_sql_table()	通过数据表名读取数据库中的数据，返回 DataFrame 类对象
read_sql_query()	通过 SQL 语句读取数据库中的数据，返回 DataFrame 类对象
read_sql()	前两个函数功能的结合，既可以通过数据表名读取数据库中的数据，也可以通过 SQL 语句读取数据库中的数据

表 4-1 列举的 read_sql_table()、read_sql_query() 和 read_sql() 这 3 个函数的使用方式基本相同。以 read_sql() 函数为例进行介绍，read_sql() 函数的语法格式如下。

```
pandas.read_sql(sql, con, index_col=None, coerce_float=True, params=None,
    parse_dates=None, columns=None, chunksize=None)
```

read_sql() 函数中常用参数的含义如下。

- sql：表示被执行的 SQL 查询语句或数据表名。
- con：表示使用 SQLAlchemy 连接数据库。
- index_col：表示将数据表中的列标题作为 DataFrame 类对象的行索引。
- coerce_float：表示是否将非字符串、非数字对象的值转换为浮点值（可能会导致精度损失），默认为 True。

假设数据库 ttsx 中有一张保存了产品类型及图片链接信息的数据表 goodscategory，如图 4-6 所示。

id	cag_name	cag_css	cag_img
1	时令水果	fruit	images/banner01.jpg
2	海鲜水产	seafood	images/banner02.jpg
3	全品肉类	meet	images/banner03.jpg
4	美味蛋品	egg	images/banner04.jpg
5	新鲜蔬菜	vegetables	images/banner05.jpg
6	低温奶制品	ice	images/banner06.jpg

图 4-6　goodscategory 数据表

接下来，使用 read_sql() 函数读取数据库 ttsx 中数据表 goodscategory 的数据，代码如下。

```
In  []:  import pandas as pd
         from sqlalchemy import create_engine
         engine = create_engine('mysql+pymysql://'
                              'root:123456@127.0.0.1:3306/ttsx')
         # 通过数据表名读取数据库的数据
         category_data = pd.read_sql('goodscategory', engine)
         # 也可以通过SQL语句读取数据库的数据
         # sql = "select * from goodscategory"
         # category = pd.read_sql(sql,engine)
         print(category_data)
```

```
   id cag_name      cag_css              cag_img
0   1     时令水果       fruit   images/banner01.jpg
1   2     海鲜水产     seafood   images/banner02.jpg
2   3     全品肉类        meat   images/banner03.jpg
3   4     美味蛋品         egg   images/banner04.jpg
4   5     新鲜蔬菜  vegetables  images/banner05.jpg
5   6    低温奶制品         ice  images/banner06.jpg
```

从输出结果可以看出，程序成功地访问了数据库 ttsx，同时读取了数据表 goodscategory 的数据。

4.6 从 Word 文件读取数据

Word（Microsoft Word）是 Microsoft 公司推出的一款文字处理软件，在日常工作、学习中常被用于处理或存储文字信息。Word 文件有两种扩展名——.doc 和 .docx，其中扩展名 .doc 为 Microsoft 公司专用格式，并未对外完全授权，兼容性低；而扩展名为 .docx 的文件在文件体积大小、响应速度、兼容性等方面都优于扩展名为 .doc 的文件。

由于 pandas 库中没有提供读取 Word 文件的功能，这里需要借助第三方库 python-docx 读取 Word 文件（扩展名为 .docx）中的数据。本节先带领大家认识 python-docx 库，再介绍如何使用该库读取 Word 文件中的数据。

4.6.1 python-docx 库概述

python-docx 是 Python 中一个专门用于创建和修改 Word 文件（以 .docx 为扩展名）的库，该库中提供了对 Word 文件的全套操作，可以轻松地对 Word 文件进行读 / 写操作。

如果当前的环境中没有安装 python-docx 库，那么需要先安装该库。python-docx 库可直接通过 pip 命令安装，具体命令如下。

```
pip install python-docx
```

python-docx 库中有一个 Document 类，Document 类的对象相当于 Word 文件。不同的 Document 类的对象对应不同的 Word 文件，这些对象是独立的，相互之间没有任何影响。

Word 文件可能包含段落、标题、表格、样式等几种结构，同样地，Document 类的对象包含对应各结构的属性。Document 类中的常用属性及其说明如表 4-2 所示。

表 4-2 Document 类中的常用属性及其说明

属性	说明
paragraphs	获取 Word 文件中的段落对象列表
tables	获取 Word 文件中的表格对象列表
sections	获取 Word 文件中每个小节访问权限的对象
styles	获取 Word 文件中的样式对象

表 4-2 列举了 Document 类中的常用属性，其中 paragraphs 和 tables 属性可用于获取 Word 文件中的段落对象和表格对象列表，段落对象是一个 Paragraph 类的对象，表格对象是

一个 Table 类的对象。下面分别对 Paragraph 和 Table 类进行详细的介绍。

1. Paragraph 类

Paragraph 类对象对应 Word 文件的段落结构。一个 Word 文件可能由多个段落组成，一旦在该文件中输入一个换行符，就会产生一个新的段落。Paragraph 类的常用属性及其说明如表 4-3 所示。

表 4-3　Paragraph 类的常用属性及其说明

属性	说明
text	获取段落中的文本字符串
runs	获取段落中的节段对象（Run 类对象）
style	获取段落中的样式对象（ParagraphStyle 类对象）

2. Table 类

Table 类对象对应 Word 文件的表格结构。一个 Word 文件可能包含多个表格，每个表格都是由若干个单元格组成的，通过单元格的位置即可获取单元格对象。Table 类的常用属性或方法及其说明如表 4-4 所示。

表 4-4　Table 类的常用属性或方法及其说明

属性或方法	说明
cell(row_idx, col_idx)	获取表格中指定的单元格
rows	获取表格中包含行数据的对象
columns	获取表格中包含列数据的对象
text	获取表格中的文本字符串

4.6.2 python-docx 库的基本使用

使用 python-docx 库读取 Word 文件大致可分为 3 个步骤，具体如下。

（1）创建一个 Document 类对象。

（2）通过 Document 类对象的 paragraphs 属性或 tables 属性获取文件对象的段落对象或表格对象。

（3）通过段落对象或表格对象中的属性或方法获取文件内容。

假设现有一份存储了文本的“集合介绍 .docx”文件，该文件中包含两个段落和一个表格，具体如图 4-7 所示。

接下来，使用 python-docx 库读取“集合介绍 .docx”文件中的段落内容，具体步骤为：首先创建 Document 类对象；然后通过 paragraphs 属性获取段落对象；最后通过段落对象的 text 属性获取段落中的字符串。代码如下。

```
In  []:  from docx import Document
         # 创建Document类对象
         docx = Document('集合介绍.docx')
         # 获取段落对象
         paragraphs = docx.paragraphs
         for i in paragraphs:
             # 通过text属性获取段落中的字符串
             print(i.text)
```

```
集合
Python的集合（set）本身是可变类型，但Python要求放入集合中的元素必须是不可变类型。集合类型与列表和元组的区别是：集合中的元素无序但必须唯一。下面分创建集合、集合的常见操作和集合推导式三部分对集合进行介绍。
集合的常见操作
集合是可变的，集合中的元素可以动态增加或删除。Python提供了一些内置方法来操作集合，操作集合的常见方法如下表所示。
操作集合的常见方法
```

集合

Python 的集合（set）本身是可变类型，但 Python 要求放入集合中的元素必须是不可变类型。集合类型与列表和元组的区别是：集合中的元素无序但必须唯一。下面分创建集合、集合的常见操作和集合推导式三部分对集合进行介绍。

集合的常见操作

集合是可变的，集合中的元素可以动态增加或删除。Python 提供了一些内置方法来操作集合，操作集合的常见方法如下表所示。

操作集合的常见方法

常见方法	说明
add(x)	向集合中添加元素 x，x 已存在时不作处理
remove(x)	删除集合中的元素 x，若 x 不存在则抛出 KeyError 异常
discard(x)	删除集合中的元素 x，若 x 不存在不作处理
pop()	随机返回集合中的一个元素，同时删除该元素。若集合为空，抛出 KeyError 异常
clear()	清空集合
copy()	复制集合，返回值为集合
isdisjoint(T)	判断集合与集合 T 是否没有相同的元素，没有返回 True，有则返回 False

图 4-7 “集合介绍 .docx”文件

从输出结果可以看出，程序只获取了 Word 文件中所有段落的内容，但未获取表格的内容。

使用 python-docx 库读取“集合介绍 .docx”文件中的表格内容，具体步骤为：首先创建 Document 类对象；接着通过 tables 属性获取表格对象；然后根据表格对象的 rows 属性获取行数据对象；接着通过单元格对象的 cell() 方法获取每个单元格对象；最后通过单元格对象的 text 属性获取对应的字符串。代码如下。

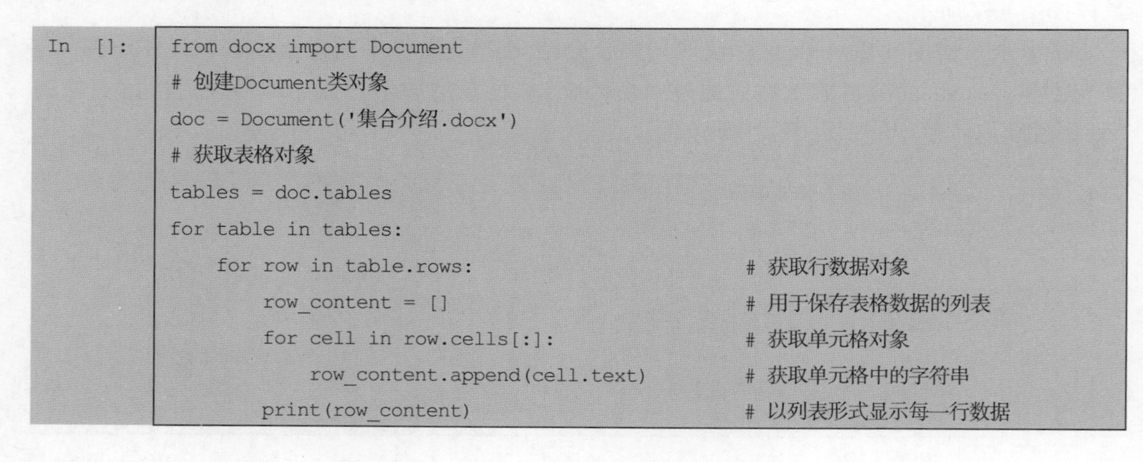

```
In  []:  from docx import Document
         # 创建Document类对象
         doc = Document('集合介绍.docx')
         # 获取表格对象
         tables = doc.tables
         for table in tables:
             for row in table.rows:                    # 获取行数据对象
                 row_content = []                      # 用于保存表格数据的列表
                 for cell in row.cells[:]:             # 获取单元格对象
                     row_content.append(cell.text)     # 获取单元格中的字符串
                 print(row_content)                    # 以列表形式显示每一行数据
```

```
['常见方法', '说明']
['add(x)', '向集合中添加元素x, x已存在时不作处理']
['remove(x)', '删除集合中的元素x, 若x不存在则抛出KeyError异常']
['discard(x)', '删除集合中的元素x, 若x不存在不作处理']
['pop()', '随机返回集合中的一个元素, 同时删除该元素。若集合为空, 抛出KeyError异常']
['clear()', '清空集合 ']
['copy()', '复制集合, 返回值为集合']
['isdisjoint(T)', '判断集合与集合T是否没有相同的元素, 没有返回True, 有则返回False']
```

从输出结果可以看出，每个列表对应表格的一行文本，每个列表元素对应一行中的单元格文本。

4.7 从 PDF 文件读取数据

PDF（Portable Document Format，便捷式文本格式）是由 Adobe 系统公司开发，其文件可以在任意操作系统中保持原有的文本格式。PDF 文件中可以包含图片、文本、多媒体等多种形式的内容。

pandas 中没有提供读取 PDF 文件的功能，这里需要借助第三方库 pdfplumber 读取 PDF 文件。本节先带领大家认识 pdfplumber 库，再介绍如何使用该库读取 PDF 文件中的数据。

4.7.1 pdfplumber 库概述

pdfplumber 是一个完全由 Python 开发的 PDF 解析库，它不仅可以读取 PDF 文件中的文本数据，还可以读取 PDF 文件中的表格数据。若当前的环境中没有安装 pdfplumber 库，则可以直接使用 pip 命令进行安装，具体命令如下。

```
pip install pdfplumber
```

pdfplumber 库主要提供了两个类——PDF 和 Page，分别代表 PDF 文件和 PDF 文件中每页的实例。下面分别对 PDF 和 Page 类进行详细的介绍。

1. PDF 类

PDF 类对象对应一个 PDF 文件。使用 pdfplumber 库中的 open() 方法可以创建 PDF 类对象。PDF 类的常用属性如表 4-5 所示。

表 4-5　PDF 类的常用属性及其说明

属性	说明
metadata	返回一个包含创建日期、修改日期、作者等信息的字典
pages	返回一个包含 Page 类对象的列表

2. Page 类

Page 类对象对应 PDF 文件中每页的实例。Page 类提供了多个从每页 PDF 中提取不同内容的方法，这些方法及其说明如表 4-6 所示。

表 4-6 Page 类的常用方法及其说明

方法	说明
extract_words()	提取页面中所有单词及其相关信息
extract_text()	提取页面中所有的文本数据和表格数据
extract_tables()	提取页面中的表格数据

4.7.2 pdfplumber 库的基本使用

使用 pdfplumber 库读取 PDF 文件大致可分为 3 个步骤，具体如下。

（1）加载 PDF 文件，生成 PDF 类对象。

（2）遍历获取 Page 类对象。

（3）提取 Page 类对象的文本或表格数据。

假设现有一份存储了文本与表格的“集合介绍 .pdf”文件，打开该文件后显示的内容如图 4-8 所示。

集合

Python 的集合（set）本身是可变类型，但 Python 要求放入集合中的元素必须是不可变类型。集合类型与列表和元组的区别是：集合中的元素无序但必须唯一。下面分创建集合、集合的常见操作和集合推导式三部分对集合进行介绍。

集合的常见操作

集合是可变的，集合中的元素可以动态增加或删除。Python 提供了一些内置方法来操作集合，操作集合的常见方法如下表所示。

操作集合的常见方法

常见方法	说明
add(x)	向集合中添加元素 x，x 已存在时不作处理
remove(x)	删除集合中的元素 x，若 x 不存在则抛出 KeyError 异常
discard(x)	删除集合中的元素 x，若 x 不存在不作处理
pop()	随机返回集合中的一个元素，同时删除该元素。若集合为空，抛出 KeyError 异常
clear()	清空集合
copy()	复制集合，返回值为集合
isdisjoint(T)	判断集合与集合 T 是否没有相同的元素，没有返回 True，有则返回 False

图 4-8 “集合介绍 .pdf”文件

接下来，使用 pdfplumber 库读取“集合介绍 .pdf”文件中所有的文本数据，具体步骤为：首先创建 pdfplumber.PDF 对象；然后通过 pages 属性获取每页的实例对象；最后使用 extract_text() 方法提取页面中所有的文本数据和表格数据。代码如下。

```
In  []:  import pdfplumber
         with pdfplumber.open('集合介绍.pdf') as pdf:
             print(pdf.pages[0].extract_text())
```

```
集合
Python 的集合（set）本身是可变类型，但 Python 要求放入集合中的元素必
...
判断集合与集合T是否没有相同的元素，没有返回True，
isdisjoint(T)
有则返回False
```

从输出结果可以看出，使用 extract_text() 方法同时提取了 PDF 文件中的文本数据与表格数据。

若只希望提取 PDF 文件中的表格数据，可以通过 Page 类对象中的 extract_tables() 方法实现，代码如下。

```
In  []:  import pdfplumber
         with pdfplumber.open('集合介绍.pdf') as pdf:
             for page in pdf.pages:
                 for table in page.extract_tables():
                     print(table)
```

```
[['', '常见方法', '', '', '说明', ''], ['add(x)', None, None, '向集合中添加元素x, x
已存在时不作处理', None, None], ['remove(x)', None, None, '
...
['isdisjoint(T)', None, None, '判断集合与集合T是否没有相同的元素，没有返回True，\n有则
返回False', None, None]]
```

从输出结果可以看出，程序读取了 PDF 文件中的表格数据，但返回的表格数据中包含空字符和 None。

为保证数据的准确性，可以使用 filter() 函数和正则表达式来去除这些无关的空字符和 None，代码如下。

```
In  []:  import pdfplumber,re
         with pdfplumber.open('集合介绍.pdf') as pdf:
             for page in pdf.pages:
                 for table in page.extract_tables():
                     for data in table:
                         # 过滤数据中的None
                         clean_data = list(filter(None, data))
                         # 过滤数据中的换行符
                         print([re.sub("\n" ,'',value) for value in clean_data])
```

```
['常见方法', '说明']
['add(x)', '向集合中添加元素x, x已存在时不作处理']
['remove(x)', '删除集合中的元素x，若x不存在则抛出KeyError异常']
...
['copy()', '复制集合，返回值为集合']
['isdisjoint(T)', '判断集合与集合T是否没有相同的元素，没有返回True，有则返回False']
```

从输出结果可以看出，表格数据中已经没有了空字符和 None。

4.8　本章小结

本章首先介绍了使用 pandas 库获取 CSV 文件、TXT 文件、Excel 文件、JSON 文件、HTML 表格及数据库中的数据的方法，然后介绍了使用 python-docx 库读取 Word 文件中的数据的方法，最后介绍了使用 pdfplumber 库获取 PDF 文件中数据的方法。通过本章的学习，希望读者能够熟练地从各渠道获取数据，为预处理工作做好数据准备。

4.9 习题

一、填空题

1. read_csv() 函数用于读取________和________文件中的数据。
2. pandas 中使用________函数读取 Excel 文件中的数据。
3. 使用 read_csv() 函数读取数据时可通过________参数指定编码格式。
4. python-docx 是一个 Python 中专门用于创建和修改________文件的库。
5. pdfplumber 是一个完全由 Python 开发的________解析库。

二、判断题

1. read_csv() 函数读取的数据会以二维数组的形式显示。(　　)
2. pandas 不能读取 JSON 文件中的数据。(　　)
3. read_html() 函数可以读取网页中的任意内容。(　　)
4. python-docx 库无须单独安装便能直接使用。(　　)
5. pdfplumber 库支持读取 PDF 文件中的数据。(　　)

三、选择题

1. 下列 read_excel() 函数的参数中，可以指定读取哪个工作表的是（　　）。

A. sheet_name　　B. names
C. sheet　　D. sheet_num

2. 下列选项中，可以使用 pandas 读取数据的是（　　）。

A. MySQL　　B. Oracle
C. SQLite　　D. 以上均可

3. 下列选项中，描述错误的是（　　）。

A. read_sql_table() 函数用于根据数据表名读取数据库中的数据
B. read_sql_query() 函数用于根据 SQL 语句读取数据库中的数据
C. read_sql() 函数既可以根据数据表名，也可以根据 SQL 语句读取数据库中的数据
D. read_sql() 函数只能根据 SQL 语句读取数据库中的数据

4. 下列属性中，用于获取 Word 文件中表格对象列表的是（　　）。

A. paragraphs　　B. tables
C. sections　　D. styles

5. 下列方法中，用于提取 PDF 文件中每页文本的是（　　）。

A. extract_words()　　B. extract_text()
C. extract_tables()　　D. extract_word()

四、简答题

1. 简述 python-docx 库的基本用法。
2. 简述 pdfplumber 库的基本用法。

五、编程题

现有一份保存了某超市每个季度各分部销售数据的“超市销售数据 .pdf”文件，该文件中有一张表格，表格的内容如表 4-7 所示。

表 4-7　超市各分部的销售数据

超市各分部商品的销量（单位：件）				
	第 1 季度	第 2 季度	第 3 季度	第 4 季度
食品部	3310	2530	4032	3572
家电部	12304	8530	10289	11032
日化部	5600	4200	5223	4930
酒水部	8930	7340	8300	8000
生鲜部	3050	2200	2890	3100

按要求操作表 4-7 所示的表格，具体如下。

（1）使用 pdfplumber 库读取“超市各分部的销售数据 .pdf”文件中的数据。

（2）将读取的数据转换成 DataFrame 类对象。

第5章

数据清理

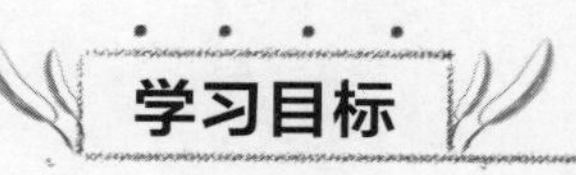

拓展阅读（5）

★熟悉常见数据问题的处理方式

★掌握缺失值的检测与处理

★掌握重复值的检测与处理

★掌握异常值的检测与处理

数据清理是数据预处理的一个关键环节。在这一环节中，我们主要通过一定的检测与处理方法，将“脏”数据清理成质量较高的“干净”数据。pandas 为数据清理提供了一系列方法，本章将围绕这些数据清理方法进行详细的讲解。

5.1 数据清理概述

数据清理是数据预处理中关键的一步，其目的在于清理原有数据中的“脏”数据，提高数据的质量，使数据具有完整性、唯一性、权威性、合法性和一致性等特点。数据清理的结果直接影响着数据分析或数据挖掘的结果。

数据清理主要解决前文介绍过的数据问题，常遇到的数据问题有 3 种——数据缺失、数据重复、数据异常，它们分别是由数据中存在缺失值、重复值、异常值而引起的。下面为大家介绍缺失值、重复值、异常值的处理方式。

1. 缺失值的处理方式

缺失值是指样本数据中某个或某些属性的值是不全的，主要是由于机械故障、人为因素等导致部分数据未能收集。若使用存在缺失值的数据进行分析，则会降低预测结果的准确率，需通过合适的方式予以处理。缺失值主要有 3 种处理方式：删除、填充和插补。

删除缺失值是一种比较简单的处理方式。这种方式通过直接删除包含缺失值的行或列来达到目的，适用于删除缺失值后只产生较小偏差的样本数据，但并不是十分有效。

填充和插补缺失值是比较流行的处理方式。这两种方式均使用指定的值来填充缺失值，避免了因某个属性值缺失而放弃大量其他属性值的情况，适用于数量较大的样本数据。填充缺失值一般会将诸如平均数、中位数、众数、缺失值前后的数填充至空缺位置。插补缺失值是一种相对复杂且灵活的处理方式，它主要基于一定的插补算法达到目的。常见的插补算法有线性插值和最邻近插值：线性插值是根据两个已知量构成的线段来确定在这两个已知量之间的一个未知量的方法，简单地说就是根据两点间距离以等距离方式确定要插补的值；最邻近插值是用与缺失值相邻的值作为插补的值。

下面以线性插值为例进行讲解。线性插值算法的基本原理如图 5-1 所示。

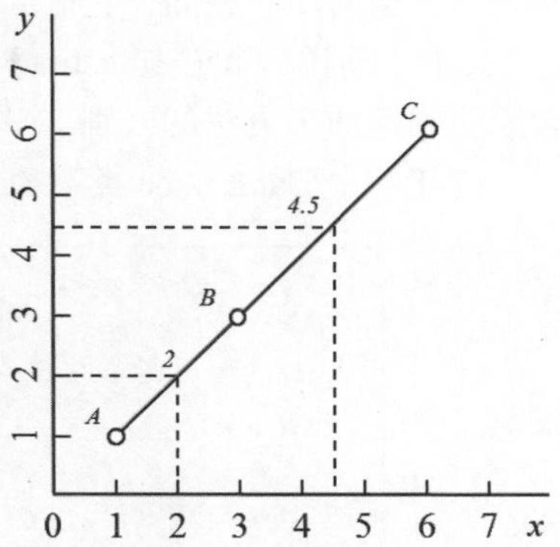

图 5-1　线性插值算法的基本原理

在图 5-1 中，线段上圆点 A 对应的值为 1，B 对应的值为 3，C 对应的值为 6。如果 A 与 B 之间存在需要插补的缺失值，那么 A 与 B 两点之间的等距离点对应的值为 2，也就是说插补的值为 2。同理，B 与 C 之间插补的值为 4.5。

2．重复值的处理方式

重复值是指样本数据中某个或某些数据记录完全相同，主要是由于人工录入、机械故障等导致部分数据重复录入。重复值主要有两种处理方式，即删除重复值和保留重复值，其中删除重复值是比较常见的方式，其目的在于保留唯一的数据记录。需要说明的是，在分析演变规律、样本不均衡处理、业务规则等场景中，重复值具有一定的使用价值，需保留。

3．异常值的处理方式

异常值是指样本数据中处于特定范围之外的个别值，这些值明显偏离它们所属样本的其余观测值。异常值产生的原因有很多，包括人为疏忽、失误或仪器异常等。处理异常值之前，需要先辨别这些值是“真异常”还是“伪异常”，再根据实际情况正确地处理异常值。异常值的处理方式主要有保留、删除和替换。保留异常值也就是对异常值不做任何处理，这种方式通常适用于“伪异常”，即准确的数据；删除异常值和替换异常值是比较常用的方式，其中替换异常值是使用指定的值或根据算法计算出来的值替换检测出的异常值。

总而言之，缺失值、重复值、异常值都有多种处理方式，具体选用哪种方式进行处理要根据具体的处理需求和样本数据特点决定。

5.2　缺失值的检测与处理

5.2.1　缺失值的检测

pandas 中 None 或 NaN 代表缺失值。检测缺失值的常用方法包括 isnull()、notnull()、isna() 和 notna()，常用方法及其说明如表 5-1 所示。

表 5-1　检测缺失值的常用方法及其说明

方法	说明
isnull()	若返回的值为 True，说明存在缺失值
notnull()	若返回的值为 False，说明存在缺失值
isna()	若返回的值为 True，说明存在缺失值
notna()	若返回的值为 False，说明存在缺失值

表 5-1 列举的 4 个方法均会返回一个由布尔值组成的、与原对象形状相同的新对象，其中 isnull() 和 isna() 方法的用法相同，它们会在检测到缺失值的位置标记 True；notnull() 和 notna() 方法的用法相同，它们会在检测到缺失值的位置标记 False。

下面分别以 isna() 和 notna() 方法为例，演示如何使用这两个方法来检测缺失值，以帮助大家明确这两个方法的区别。

创建一个 DataFrame 类对象，使用 isna() 方法检测该对象中是否存在缺失值，代码如下。

```
In  []:   import pandas as pd
          import numpy as np
          na_df = pd.DataFrame({'A':[1, 2, np.NaN, 4],
                                'B':[3, 4, 4, 5],
                                'C':[5, 6, 7, 8],
                                'D':[7, 5, np.NaN, np.NaN]})
          print(na_df)
               A  B  C    D
          0  1.0  3  5  7.0
          1  2.0  4  6  5.0
          2  NaN  4  7  NaN
          3  4.0  5  8  NaN
In  []:   #使用isna()方法检测na_df中是否存在缺失值
          na_df.isna()
Out []:          A      B      C      D
          0  False  False  False  False
          1  False  False  False  False
          2   True  False  False   True
          3  False  False  False   True
```

由第一次的输出结果可知，程序返回了一个 4 行 4 列的 DataFrame 类对象。该对象中 A 列与 D 列均存在 NaN 值；由第二次的输出结果可知，程序在检测完缺失值之后返回了一个形状相同的 DataFrame 类对象，该对象中 True 对应着 NaN 值所在的位置，False 对应着非 NaN 值所在的位置。

notna() 方法与 isna() 方法返回的结果完全相反，若返回 False，说明对应的位置是缺失值，代码如下。

```
In  []:   na_df.notna()
Out []:          A     B     C      D
          0   True  True  True   True
          1   True  True  True   True
          2  False  True  True  False
          3   True  True  True  False
```

从输出结果可以看出，程序返回的 DataFrame 类对象中 False 正好对应着 NaN 值所在的位置，说明成功地检测到缺失值。

5.2.2 缺失值的处理

为避免包含缺失值的数据影响数据分析的结果，缺失值被检测出来之后一般不建议保留，而是选择采用适当的手段进行处理。缺失值的常见处理方式有3种：删除缺失值、填充缺失值和插补缺失值。pandas中为每种处理方式均提供了相应的方法，下面逐一为大家介绍。

1. 删除缺失值

pandas中提供了删除缺失值的方法dropna()。dropna()方法用于删除缺失值所在的一行或一列数据，并返回一个删除缺失值后的新对象。dropna()方法的语法格式如下。

```
DataFrame.dropna(axis=0, how='any', thresh=None, subset=None,inplace=False)
```

dropna()方法中各参数的含义如下。

- axis：表示是否删除包含缺失值的行或列。该参数支持0或'index'和1或'columns'两种取值，其中0或'index'代表删除包含缺失值的行；1或'columns'代表删除包含缺失值的列。
- how：表示删除缺失值的方式。该参数支持'any'和'how'两个取值，其中'any'代表当有任何值为NaN值时便删除整行或整列；'all'代表当所有值为NaN值时便删除整行或整列。
- thresh：表示保留至少有N个非NaN值的行或列。
- subset：表示删除指定列的缺失值。
- inplace：表示是否操作原数据。若设为True，会直接修改原数据；若设为False，会修改原数据的副本。

假设删除5.2.1小节中na_df对象中的缺失值，删除缺失值前、后的对比效果如图5-2所示。

删除缺失值前

	A	B	C	D
0	1.0	3	5	7.0
1	2.0	4	6	5.0
2	NaN	4	7	NaN
3	4.0	5	8	NaN

删除缺失值后

	A	B	C	D
0	1.0	3	5	7.0
1	2.0	4	6	5.0

图5-2 删除缺失值前、后的对比效果

接下来，使用dropna()方法删除na_df对象中缺失值所在的一行数据，代码如下。

```
In  []:  # 删除缺失值所在的一行数据
         na_df.dropna()
Out []:       A  B  C    D
         0  1.0  3  5  7.0
         1  2.0  4  6  5.0
```

若需要保留至少有N(N为正整数)个非NaN值的行或列，则可以给参数thresh传入N。例如，保留na_df对象中至少有3个非NaN值的行，代码如下。

```
In  []:  # 保留至少有3个非NaN值的行
         na_df.dropna(thresh=3)
Out []:       A  B  C    D
         0  1.0  3  5  7.0
         1  2.0  4  6  5.0
         3  4.0  5  8  NaN
```

相比上次的输出结果可知，程序返回的 DataFrame 类对象多了一行有 1 个 NaN 值、3 个非 NaN 值的数据。

2. 填充缺失值

pandas 中提供了填充缺失值的方法 fillna()。fillna() 方法既可以使用指定的数据填充，也可以使用缺失值前面或后面的数据填充，其语法格式如下。

```
DataFrame.fillna(value=None, method=None, axis=None, inplace=False,
                 limit=None, downcast=None)
```

fillna() 方法中部分参数的含义如下。

- value：表示填充的数据，可以为变量、字典、Series 或 DataFrame 类对象。
- method：表示填充的方式，默认为 None。该参数还支持 'pad' 或 'ffill' 和 'backfill' 或 'bfill' 这两种取值，其中 'pad' 或 'ffill' 表示将最后一个有效值向后传播，也就是说使用缺失值前面的有效值填充缺失值；'backfill' 或 'bfill' 表示将最后一个有效值向前传播，也就是说使用缺失值后面的有效值填充缺失值。
- axis：表示是否填充包含缺失值的行或列。该参数的取值可为 0 或 'index' 和 1 或 'columns'，其中 0 或 'index' 表示填充包含缺失值的行；1 或 'columns' 表示填充包含缺失值的列。
- limit：表示连续填充的最大数量。

若使用平均数填充 na_df 对象中的缺失值，填充缺失值前、后的对比效果如图 5-3 所示。

填充缺失值前

	A	B	C	D
0	1.0	3	5	7.0
1	2.0	4	6	5.0
2	NaN	4	7	NaN
3	4.0	5	8	NaN

填充缺失值后

	A	B	C	D
0	1.0	3	5	7.0
1	2.0	4	6	5.0
2	2.3	4	7	6.0
3	4.0	5	8	6.0

图 5-3 填充缺失值前、后的对比效果

接下来，使用 fillna() 方法将 na_df 对象中的缺失值填充为缺失值所在列的平均数，代码如下。

```
In  []:  # 计算A列的平均数，并保留一位小数
         col_a = np.around(np.mean(na_df['A']), 1)
         # 计算D列的平均数，并保留一位小数
         col_d = np.around(np.mean(na_df['D']), 1)
         # 将计算的平均数填充到指定的列
         na_df.fillna({'A':col_a, 'D':col_d})
Out []:      A  B  C   D
         0  1.0  3  5  7.0
         1  2.0  4  6  5.0
         2  2.3  4  7  6.0
         3  4.0  5  8  6.0
```

还可以通过给 fillna() 方法的 method 参数传值的方式实现向前填充或向后填充。若采用

向后填充的方式填充 na_df 对象中的缺失值，填充缺失值前、后的对比效果如图 5-4 所示。

填充缺失值前

	A	B	C	D
0	1.0	3	5	7.0
1	2.0	4	6	5.0
2	NaN	4	7	NaN
3	4.0	5	8	NaN

填充缺失值后

	A	B	C	D
0	1.0	3	5	7.0
1	2.0	4	6	5.0
2	2.0	4	7	5.0
3	4.0	5	8	5.0

图 5-4　后向填充缺失值前、后的对比效果

接下来，使用 fillna() 方法将 na_df 对象中的缺失值填充为缺失值前面的值，代码如下。

```
In  []:  na_df.fillna(method='ffill')
Out []:        A  B  C    D
         0  1.0  3  5  7.0
         1  2.0  4  6  5.0
         2  2.0  4  7  5.0
         3  4.0  5  8  5.0
```

3．插补缺失值

pandas 中提供了插补缺失值的方法 interpolate()。interpolate() 方法的语法格式如下。

```
DataFrame.interpolate(method='linear', axis=0, limit=None, inplace=False,
          limit_direction=None, limit_area=None, downcast=None, **kwargs)
```

interpolate() 方法中部分参数的含义如下。

- method：表示使用的插值方法。该参数支持 'linear'（默认值）、'time'、'index'、'values'、'nearest'、'barycentric' 共 6 种取值，其中 'linear' 代表采用线性插值法进行填充；'time' 代表根据时间长短进行填充，适用于索引为日期时间的对象；'index' 和 'values' 代表采用索引的实际数值进行填充；'nearest' 代表采用最邻近插值法进行填充；'barycentric' 代表采用重心坐标插值法进行填充。
- limit：表示连续填充的最大数量。
- limit_direction：表示按照指定方向对连续的 NaN 值进行填充。该参数常用的取值为 'forward'、'backforward' 和 'both'，其中 'forward' 代表向前填充；'backforward' 代表向后填充；'both' 代表同时向前、向后填充。

若使用线性插值法插补 na_df 对象中的缺失值，插补缺失值前、后对比效果如图 5-5 所示。

插补缺失值前

	A	B	C	D
0	1.0	3	5	7.0
1	2.0	4	6	5.0
2	NaN	4	7	NaN
3	4.0	5	8	NaN

插补缺失值后

	A	B	C	D
0	1.0	3	5	7.0
1	2.0	4	6	5.0
2	3.0	4	7	5.0
3	4.0	5	8	5.0

图 5-5　线性插补缺失值前、后的对比效果

接下来，使用 interpolate() 方法结合线性插值法对 na_df 对象中的缺失值进行插补，代码如下。

```
In  []:  na_df.interpolate(method='linear')
Out []:       A  B  C    D
         0  1.0  3  5  7.0
         1  2.0  4  6  5.0
         2  3.0  4  7  5.0
         3  4.0  5  8  5.0
```

5.3 重复值的检测与处理

5.3.1 重复值的检测

pandas 中使用 duplicated() 方法来检测数据中的重复值。duplicated() 方法的语法格式如下。

```
DataFrame.duplicated(subset=None, keep='first')
```

duplicated() 方法中各参数的含义如下。

- subset：表示识别重复项的列索引或列索引序列，默认标识所有的列索引。
- keep：表示采用哪种方式保留重复项。该参数的取值可为 'first'（默认值）、'last' 和 'False'，其中 'first' 代表删除重复项，仅保留第一次出现的数据项；'last' 代表删除重复项，仅保留最后一次出现的数据项；'False' 表示将所有相同的数据都标记为重复项。

duplicated() 方法检测完数据后会返回一个由布尔值组成的 Series 类对象，该对象中若包含 True，说明 True 对应的一行数据为重复项。

接下来，创建一个包含重复值的 DataFrame 类对象 person_info，使用 duplicated() 方法对该对象中的重复值进行检测，代码如下。

```
In  []:  person_info = pd.DataFrame({'name': ['刘婷婷', '王淼', '彭岩', '刘华',
                                            '刘华', '周华'],
                      'age': [24, 23, 29, 22, 22, 27],
                      'height': [162, 165, 175, 175, 175, 178],
                      'gender': ['女', '女', '男', '男', '男', '男']})
         print(person_info)
            name     age     height  gender
         0  刘婷婷    24      162      女
         1  王淼      23      165      女
         2  彭岩      29      175      男
         3  刘华      22      175      男
         4  刘华      22      175      男
         5  周华      27      178      男
In  []:  # 检测person_info对象中的重复值
         person_info.duplicated()
```

```
Out []:   0    False
          1    False
          2    False
          3    False
          4     True
          5    False
          dtype: bool
```

对比两次输出结果可知，程序第一次返回了一个6行4列的DataFrame类对象，且该对象中行索引为3和4的两行数据是重复项；程序第二次返回了一个6行1列的Series类对象，且该对象中行索引为4的数据被标记为True，说明成功地检测到了重复值。

5.3.2 重复值的处理

重复值的一般处理方式是删除。pandas中使用drop_duplicates()方法删除重复值。drop_duplicates()方法的语法格式如下。

```
DataFrame.drop_duplicates(subset=None, keep='first', inplace=False,
ignore_index=False)
```

drop_duplicates()方法中各参数的含义如下。

- subset：表示删除重复项的列索引或列索引序列，默认删除所有的列索引。
- keep：表示采用哪种方式保留重复项。该参数的取值可为'first'(默认值)、'last'和'False'，其中'first'代表删除重复项，仅保留第一次出现的数据项；'last'代表删除重复项，仅保留最后一次出现的数据项；'False'代表删除所有的重复项。
- inplace：表示是否放弃副本数据，返回新的数据，默认为False。
- ignore_index：表示是否对删除重复值后的对象的行索引重新排序，默认为Flase。

假设删除5.3.1小节中person_info对象中的重复值，删除重复值前、后的对比效果如图5-6所示。

删除重复值前

	name	age	height	gender
0	刘婷婷	24	162	女
1	王淼	23	165	女
2	彭岩	29	175	男
3	刘华	22	175	男
4	刘华	22	175	男
5	周华	27	178	男

删除重复值后

	name	age	height	gender
0	刘婷婷	24	162	女
1	王淼	23	165	女
2	彭岩	29	175	男
3	刘华	22	175	男
5	周华	27	178	男

图5-6　删除重复值前、后的对比效果

接下来，使用drop_duplicates()方法保留person_info对象中第一次出现的重复值，删除第二次出现的重复值，代码如下。

```
In []:   # 删除person_info对象中的重复值
         person_info.drop_duplicates()
```

```
Out []:        name   age   height  gender
          0    刘婷婷  24     162      女
          1    王淼    23     165      女
          2    彭岩    29     175      男
          3    刘华    22     175      男
          5    周华    27     178      男
```

从输出结果可以看出，行索引为 4 的一行数据被删除了。

5.4 异常值的检测与处理

5.4.1 异常值的检测

若需要对数据进行异常值检测，则可以使用 3σ 准则和箱形图这两种方法。接下来，分别为大家介绍如何使用 3σ 准则检测异常值和使用箱形图检测异常值。

1. 使用 3σ 准则检测异常值

3σ 准则，又称为拉依达准则，它先假设一组检测数据只含有随机误差，然后对该组数据进行计算和处理得到标准偏差，再按一定概率确定一个区间，凡是超过这个区间的误差都不属于随机误差而属于粗大误差，误差在粗大误差范围内的数据视为异常值。需要注意的是，3σ 准则并不适用于任意数据集，而只适用于符合或近似符合正态分布的数据集。正态分布也称高斯分布，是统计学中十分重要的概率分布。它有两个比较重要的参数——μ 和 σ。其中 μ 是遵从正态分布的随机变量（表示按一定的概率取值的变量，该变量的值预先无法确定）的平均值，σ 是此随机变量的标准差。正态分布的公式如下：

$$f(x)=\frac{1}{\sqrt{2\pi}\sigma}\mathrm{e}^{-\frac{(x-\mu)^2}{2\sigma^2}}$$

正态分布密度函数的特点是：关于 μ 对称，在 μ 处达到最大值，在正（负）无穷远处取值为 0，在 $\mu\pm\sigma$ 处有拐点；曲线呈现中间高、两头低的形状，像一条左右对称的钟形曲线。正态分布的曲线如图 5-7 所示。

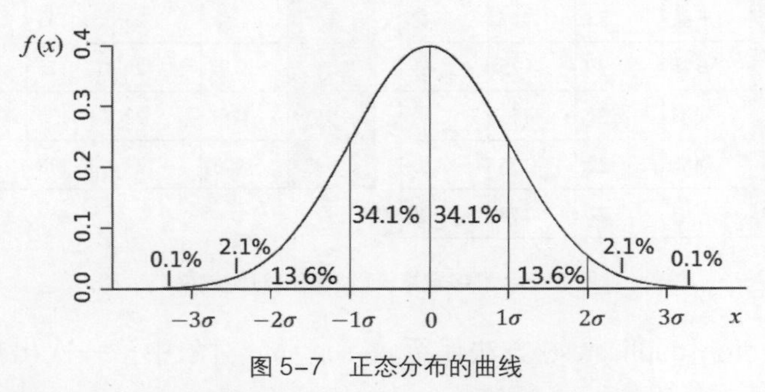

图 5-7 正态分布的曲线

结合正态分布曲线图，3σ 准则在各区间所占的概率如下。

（1）数值分布在（$\mu-\sigma$，$\mu+\sigma$）区间中的概率为 68.2%。

（2）数值分布在（$\mu-2\sigma$，$\mu+2\sigma$）区间中的概率为 95.4%。

（3）数值分布在（$\mu-3\sigma$，$\mu+3\sigma$）区间中的概率为99.7%。

由此可知，数值集中在（$\mu-3\sigma$，$\mu+3\sigma$）区间的概率最大，数值超出这个区间的概率仅占不到0.3%。所以，凡是误差超过（$\mu-3\sigma$，$\mu+3\sigma$）区间的数值均属于异常值。

下面准备一组包含异常值且符合正态分布的数据，并将其保存在data.xlsx文件中。data.xlsx文件的部分数据如图5-8所示。

	A	B
1		value
2	0	12.7
3	1	9.9
4	2	10.2
5	3	10.6
6	4	8.6
7	5	8.7
8	6	10.4
9	7	11
10	8	8.5
11	9	9.9
12	10	8
13	11	10.1
14	12	9.9
15	13	8.2

Sheet1

图5-8　data.xlsx文件的部分数据

定义一个基于3σ准则检测的函数，使用该函数检测data.xlsx文件中的数据，并返回检测到的异常值，代码如下。

```
In  []:  import numpy as np
         import pandas as pd
         def three_sigma(ser):
             """
             ser参数：被检测的数据，接收DataFrame的一列数据
             返回：异常值及其对应的行索引
             """
             # 计算平均值
             mean_data = ser.mean()
             # 计算标准差
             std_data = ser.std()
             #小于μ-3σ或大于μ+3σ的数值均为异常值
             rule = (mean_data-3*std_data>ser) | (mean_data+3*std_data<ser)
             # 返回异常值的行索引
             index = np.arange(ser.shape[0])[rule]
             # 获取异常值
             outliers = ser.iloc[index]
             return outliers
         # 读取data.xlsx文件
         excel_data  = pd.read_excel('data.xlsx')
         # 对value列进行异常值检测
         three_sigma(excel_data['value'])
Out []:  121    13.2
         710    13.1
         Name: value, dtype: float64
```

从输出结果可以看出，符合正态分布的数据中包含 2 个异常值。

2．使用箱形图检测异常值

除了使用 3σ 准则检测异常值之外，还可以使用箱形图检测异常值。需要说明的是，箱形图对待检测数据没有任何要求，其也可以检测不符合正态分布的数据。

箱形图是一种用于显示一组数据分散情况的统计图，它通常由上边缘、上四分位数、中位数、下四分位数、下边缘和异常值组成。箱形图能直观地反映一组数据的分散情况，一旦图中出现离群点（远离大多数值的点），就认为该离群点可能为异常值。箱形图的基本结构如图 5-9 所示。

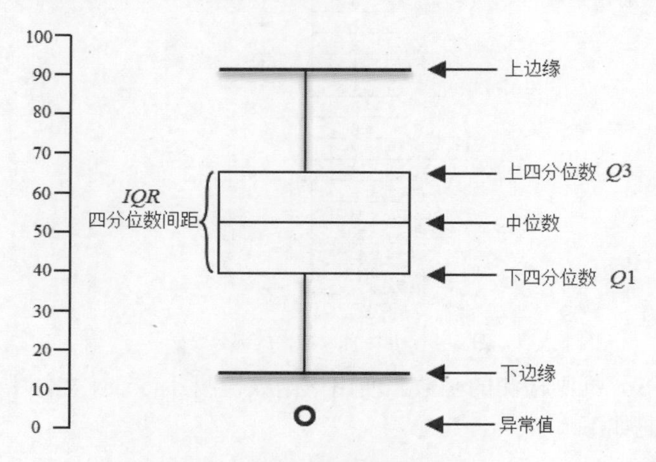

图 5-9 箱形图的基本结构

在图 5-9 中，$Q3$ 表示上四分位数，说明全部检测值中有 1/4 的值比它大；$Q1$ 表示下四分位数，说明全部检测值中有 1/4 的值比它小；IQR 表示四分位数间距，即上四分位数 $Q3$ 与下四分位数 $Q1$ 之差，其中包含一半检测值；空心圆点表示异常值，该值的范围通常为小于 $Q1-1.5IQR$ 或大于 $Q3+1.5IQR$。

为了能够直观地从箱形图中查看异常值，pandas 中提供了两个用于绘制箱形图的方法——plot() 和 boxplot()，其中 plot() 方法能够根据 Series 类对象和 DataFrame 类对象绘制箱形图，其绘制的图表默认不会显示网格线；boxplot() 方法只能根据 DataFrame 类对象绘制箱形图，其绘制的图表默认会显示网格线。以 boxplot() 方法为例，其语法格式如下。

```
DataFrame.boxplot(column=None, by=None, ax=None, fontsize=None, rot=0,
   grid=True, figsize=None, layout=None, return_type=None, backend=None,
   **kwargs)
```

boxplot() 方法中常用参数的含义如下。

- column：表示被检测的列名。
- fontsize：表示箱形图坐标轴的字体大小。
- rot：表示箱形图坐标轴的旋转角度。
- grid：表示箱形图窗口的大小。
- return_type：表示返回的对象类型。该参数的取值可为 'axes'、'dict' 和 'both'，其中 'axes' 表示返回箱形图被绘制的绘图区域（matplotlib 的 Axes 类对象），该值为默认值；'dict' 表示返回一个字典，其值是箱形图的线条 matplotlib 的 Line 类对象；'both' 表示返回一个包含 Axes 类对象和 Line 类对象的元组。

接下来，根据 data.xlsx 文件中的数据，使用 boxplot() 方法绘制一个箱形图，代码如下。

```
In  []:  import pandas as pd
         excel_data  = pd.read_excel('data.xlsx')
         excel_data.boxplot(column='value')
```

运行代码，效果如图 5-10 所示。

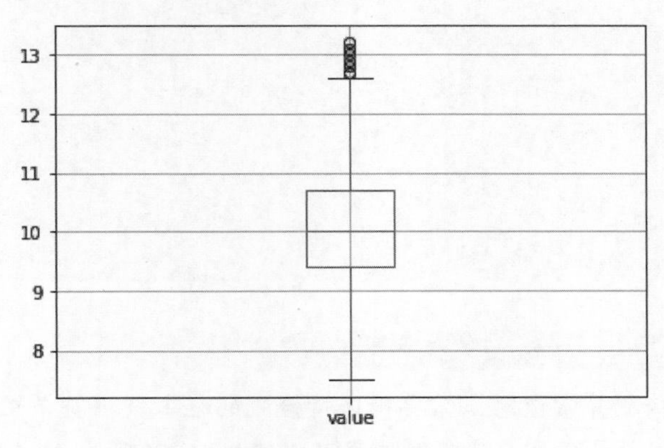

图 5-10　箱形图

从图 5-10 中可以看到，箱形图上边缘上方包含许多异常值。如果需要同时获取异常值及其对应的索引，那么可以根据箱形图中异常值的范围计算。具体计算方式为：首先对数据集进行排序；然后根据排序后的数据分别计算 $Q1$、$Q3$ 和 IQR 的值；最后根据异常值的范围（小于 $Q1-1.5IQR$ 或大于 $Q3+1.5IQR$）得出异常值。

需要说明的是，在计算数据集的四分位数时，除了要先对数据集进行排序外，还要根据其中数据的数量选择不同的计算方式。当数据数量为偶数时，数据集被中位数划分为数量相等（每组有 $n/2$ 个）的两组数，其中第一组数的中位数为 $Q1$，第二组数的中位数为 $Q3$；当数据数量为奇数时，数据集被中位数划分为数量相等（每组有（$n-1$）/2 个）的两组数，其中第一组数的中位数为 $Q1$，第二组数的中位数为 $Q3$。

定义一个从箱形图中获取异常值的函数，并返回 data.xlsx 文件中数据的异常值及其对应的索引，代码如下。

```
In  []:  import pandas as pd
         import numpy as np
         def box_outliers(ser):
             # 对待检测的数据集进行排序
             new_ser = ser.sort_values()
             # 判断数据的总数量是奇数还是偶数
             if new_ser.count() % 2 == 0:
                 # 计算Q3、Q1、IQR
                 Q3 = new_ser[int(len(new_ser) / 2):].median()
                 Q1 = new_ser[:int(len(new_ser) / 2)].median()
             elif new_ser.count() % 2 != 0:
                 Q3 = new_ser[int((len(new_ser)-1) / 2):].median()
                 Q1 = new_ser[:int((len(new_ser)-1) / 2)].median()
             IQR = round(Q3 - Q1, 1)
             rule = (round(Q3+1.5*IQR, 1) < ser)|(round(Q1-1.5*IQR, 1) > ser)
             index = np.arange(ser.shape[0])[rule]
```

```
    # 获取异常值及其索引
    outliers = ser.iloc[index]
    return outliers
excel_data = pd.read_excel('data.xlsx')
box_outliers(excel_data['value'])
```

```
Out []:  0      12.7
         121    13.2
         255    12.7
         353    13.0
         694    12.8
         710    13.1
         724    12.9
         Name: value, dtype: float64
```

多学一招：正态分布检测

在使用 3σ 准则检测异常值时，需要确保待检测的样本数据符合正态分布。那么，如何确保待检测的样本数据符合正态分布呢？这里可以使用 K-S(Kolmogorov-Smirnov) 检验。

K-S 检测是一个比较频率分布与理论分布或者两个观测值分布的检验方法，它根据统计量与 P 值对样本数据进行校验，其中统计量的大小表示与正态分布的拟合度越接近 0 表明数据和标准正态分布拟合的越好；P 值大于 0.05，则说明样本数据符合正态分布。

SciPy 库中的 kstest 模块提供了基于 K-S 检测的功能。例如，使用 K-S 检测 data.xlsx 文件中的数据是否符合正态分布，代码如下。

```
In  []:  import scipy.stats as stats
         data  = pd.read_excel('data.xlsx')
         u = data['value'].mean()                          # 计算平均值
         std = data['value'].std()                         # 计算标准差
         stats.kstest(data['value'], 'norm', (u, std))     # 检测数据是否符合正态分布
Out []:  KstestResult(statistic=0.02687507149308127,
                     pvalue=0.46337383439169116)
```

从输出结果可以看出，程序输出了一个包含统计量 statistic 与 pvalue 的对象。该对象中，pvalue 大于 0.05，即 P 值大于 0.05，表明待检测的数据符合正态分布。

5.4.2 异常值的处理

异常值被检测出来之后，需要进一步确认其是否为真正的异常值，等确认完之后再选用合适的方式进行处理。异常值有 3 种处理方式，分别为保留异常值、删除异常值和替换异常值。下面对删除异常值和替换异常值的内容进行介绍。

1. 删除异常值

pandas 中提供了删除数据的 drop() 方法，使用该方法可以根据指定的行索引或列索引来删除异常值。drop() 方法的语法格式如下。

```
    DataFrame.drop(labels=None, axis=0, index=None, columns=None, level=None, inplace=False,
errors='raise')
```

drop() 方法中常用参数的含义如下。

- labels：表示要删除行索引或列索引，可以删除一个或多个。
- axis：指定删除行或删除列，其中 0 或 'index' 表示删除行；1 或 'columns' 表示删除列。
- index：指定要删除的行。
- columns：指定要删除的列。

接下来，使用 drop() 方法根据指定的行索引从读取的 data.xlsx 文件的数据中删除异常值，代码如下。

```
In  []:  # 根据行索引删除异常值
         excel_data.drop([121, 710])
```

异常值被删除后，可以再次调用自定义的 three_sigma() 函数进行检测，以确保数据中的异常值全部被删除。再次检测异常值，代码如下。

```
In  []:  clean_data=excel_data.drop([121,710])
         # 再次检测数据中是否还有异常值
         three_sigma(clean_data['value'])
Out []:  Series([], Name: value, dtype: float64)
```

从输出结果可以看出，数据中的异常值已经被全部删除了。

2. 替换异常值

为保证数据具有完整性，这里可以指定值来替换异常值。pandas 中提供了替换值的 replace() 方法。replace() 方法可以对单个或多个值进行替换，其语法格式如下。

```
DataFrame.replace(to_replace=None, value=None, inplace=False, limit=None,
                  regex=False, method='pad')
```

replace() 方法中常用参数的含义如下。

- to_place：表示被替换的值。
- value：表示替换后的值，默认值为 None。
- inplace：表示是否修改原数据。若设为 True，则表示直接修改原数据；若设为 False，则表示修改原数据的副本。
- method：表示替换方式，其中 'pad'/'ffill' 表示向前填充，'bfill' 表示向后填充。

需要注意的是，替换的值既可以是固定的数值，也可以是计算得出的值。下面使用 replace() 方法替换从 data.xlsx 文件读取的数据中的异常值，代码如下。

```
In  []:  replace_data = excel_data.replace({13.2:10.2, 13.1:10.5})
         # 根据行索引获取替换后的值
         print(replace_data.loc[121])
         print(replace_data.loc[710])
         Unnamed: 0    121.0
         value          10.2
         Name: 121, dtype: float64
         Unnamed: 0    710.0
         value          10.5
         Name: 710, dtype: float64
```

从输出结果可以看出，行索引为 121 和 710 的数据分别被替换为 10.2 和 10.5。

5.5 案例——成都某地区二手房数据清理

为了帮助读者更好地理解数据清理的操作，能够在实际运用中清理数据，本节将结合一组关于成都某地区二手房情况的数据，带领大家学习如何使用 pandas 对这组数据进行清理。

【分析目标】

本案例准备了一组关于成都某地区二手房情况的数据，并将其存储在 handroom.xlsx 文件中。二手房数据存在一些问题，本案例要求使用 pandas 库对这组数据进行清理，具体步骤如下。

（1）检测缺失值，一旦发现缺失值就将其删除。

（2）检测重复值，一旦发现重复值就将其删除。

（3）检测二手房数据“单价（元/平方米）”列的异常值，一旦确定是真异常值就将其删除。

【数据获取】

在了解了分析目标后，我们先获取案例需要的二手房数据，再对这些数据进行整体探索。二手房数据保存在 handroom.xlsx 文件中，使用 Excel 工具打开该文件后，文件的部分数据如图 5-11 所示。

	A	B	C	D	E	F	G
1	区	小区名称	标题	房屋信息	关注	地铁	单价(元/平方米)
2	锦江	翡翠城四期	翡翠城四期跃	高楼层(共29层)	331人关注	近地铁	176036
3	锦江	时代豪庭一期	时代豪庭套三	中楼层(共38层)	137人关注		26959.4
4	锦江	卓锦城六期	卓锦城六期紫	中楼层(共31层)	36人关注		22612.8
5	锦江	星城银座	春熙路太古里	高楼层(共11层)	29人关注	近地铁	18014.5
6	锦江	新莲新苑	新莲新苑优质	高楼层(共7层)	14人关注		13513.5
7	锦江	俊发星雅俊园	星雅俊园优质	低楼层(共37层)	80人关注		13220.3
8	锦江	四海逸家二期	四海二期 跃层	高楼层(共34层)	106人关注		43299
9	锦江	万科金色城市二	明厨明卫采光	低楼层(共29层)	206人关注	近地铁	17000
10	锦江	流星花园	此房安静不临	中楼层(共16层)	126人关注	近地铁	17785.5
11	锦江	牛市口路56号	二环内 地铁口	高楼层(共7层)	217人关注		11199.3
12	锦江	萃锦东路342号	沙河边小套二	高楼层(共6层)	105人关注		12546.2

Sheet1 Sheet2 Sheet3

图 5-11 handroom.xlsx 文件的部分数据

观察图 5-11 中的数据可知，“地铁”列存在缺失的数据，其他数据问题并不能直接从数据中观测到。

因为二手房数据存储在 handroom.xlsx 文件中，所以这里需要使用 pandas 的 read_excel() 函数从该文件中读取数据，代码如下。

```
In  []:  import pandas as pd
         import numpy as np
         # 读取数据
         second_hand_house = pd.read_excel('handroom.xlsx')
         second_hand_house
```

```
Out []:         区    小区名称     ...        关注            地铁     单价(元/平方米)
        0      锦江  翡翠城四期     ...   331人关注/ 5月前发布    近地铁      176036.0
        1      锦江  时代豪庭一期   ...   137人关注/ 5月前发布    NaN         26959.4
        2      锦江  卓锦城六期     ...   36人关注 / 23天前发布   NaN         22612.8
        3      锦江  星城银座       ...   29人关注 / 5月前发布    近地铁      18014.5
        4      锦江  新莲新苑       ...   14人关注 / 5月前发布    NaN         13513.5
        ...    ...   ...            ...       ...                 ...         ...
        1056   锦江  大地城市脉搏   ...   1人关注 / 6月前发布     近地铁      25089.1
        1057   锦江  俊发星雅俊园   ...   7人关注 / 4月前发布     NaN         8911.2
        [1058 rows x 7 columns]
```

从输出结果可以看出，二手房数据共有1058行7列，其中“地铁”列有多个NaN值。

数据获取之后，我们可以使用info()方法来查看二手房数据的摘要信息，代码如下。

```
In  []:   second_hand_house.info()
Out []:   <class 'pandas.core.frame.DataFrame'>
          Int64Index: 1058 entries, 0 to 1057
          Data columns (total 7 columns):
           #   Column      Non-Null Count  Dtype
          ---  ------      --------------  -----
           0   区             1058 non-null   object
           1   小区名称        1057 non-null   object
           2   标题            1058 non-null   object
           3   房屋信息        1058 non-null   object
           4   关注            1058 non-null   object
           5   地铁            441 non-null    object
           6   单价(元/平方米)  1058 non-null   float64
          dtypes: float64(1), object(6)
          memory usage: 66.1+ KB
```

上述输出结果中，第1行内容表示对象的类型是DataFrame类；第2行内容表示共有1058行数据，行的索引范围是0~1057；第3行内容表示共有7列数据。Non-Null Count表示非NaN值的数量，从结果可以看出，二手房数据中，小区名称和地铁这两项包含缺失值，其中“地铁”列包含的缺失值最多。

【数据清理】

由于二手房数据中可能包含缺失值、重复值和异常值，下面分别为大家介绍如何根据实际情况对数据中的缺失值、重复值、异常值进行检测与处理。

1. 缺失值处理

由于“地铁”列和“小区名称”列中存在缺失值，结合实际情况进行分析：小区的地理位置可能远离地铁，因此“地铁”列含有的缺失值无须处理。这里只对“小区名称”列中的缺失值进行删除。

使用dropna()方法只删除“小区名称”列中包含缺失值的一行数据，代码如下。

```
In  []:   # 删除"小区名称"列中包含缺失值的一行数据
          second_hand_house = second_hand_house.dropna(subset=['小区名称'])
          second_hand_house
```

```
Out []:        区    小区名称       ......       关注                   地铁     单价(元/平方米)
        0      锦江  翡翠城四期     ......    331人关注/ 5月前发布     近地铁     176036.0
        1      锦江  时代豪庭一期   ......    137人关注/ 5月前发布     NaN        26959.4
        2      锦江  卓锦城六期     ......    36人关注 / 23天前发布    NaN        22612.8
        3      锦江  星城银座       ......    29人关注 / 5月前发布     近地铁     18014.5
        4      锦江  新莲新苑       ......    14人关注 / 5月前发布     NaN        13513.5
        ...          ...       ......
        1055   锦江  大地城市脉搏   ......    1人关注 / 6月前发布      近地铁     25089.1
        1056   锦江  俊发星雅俊园   ......    7人关注 / 4月前发布      NaN        8911.2
        [1057 rows x 7 columns]
```

从输出结果可以看出，删除缺失值后，二手房数据剩余 1057 行，比之前的数据减少了一行。

2. 重复值处理

使用 duplicated() 方法先检测二手房数据中是否有重复值，代码如下。

```
In  []:   # 对删除缺失值后的数据进行重复值检测
          second_hand_house.duplicated()
Out []:   0        False
          1        False
          2        False
          3        False
          4        False
                   ...
          1056     False
          Length: 1057, dtype: bool
```

由于被检测的数据量较大，在 duplicated() 方法返回的结果对象中无法了解哪些行被标记为 True，因此这里可以筛选出结果对象中值为 True 的数据，即包含重复项的数据，代码如下。

```
In  []:   # 显示二手房数据中的重复项
          second_hand_house[second_hand_house.duplicated().values == True]
Out []:        区      小区名称       ......      地铁      单价(元/平方米)
          54   锦江   柳江新居五期    ......     近地铁      13832.3
          55   锦江     锦洲花园      ......     NaN         19890.9
          97   锦江     澳龙名城      ......     近地铁      25561.8
          ...            ...       ......
          985  锦江     莲花逸都      ......     近地铁      21044.1
          986  锦江    翡翠城五期     ......     NaN         30900.0
          987  锦江   时代豪庭三期    ......     NaN         36811.2
          [58 rows x 7 columns]
```

从输出结果可以看出，二手房数据中包含 58 行重复项。

重复项被检测出来后，可将这些重复项删除，代码如下。

```
In []:  # 删除重复项，并对索引重新排序
        second_hand_house = second_hand_house.drop_duplicates(
                                                    ignore_index=True)
        second_hand_house
Out []:       区       小区名称      ......          关注            地铁     单价(元/平方米)
        0     锦江     翡翠城四期    ......     331人关注/ 5月前发布   近地铁    176036.0
        1     锦江     时代豪庭一期  ......     137人关注 / 5月前发布  NaN       26959.4
        2     锦江     卓锦城六期    ......     36人关注 / 23天前发布  NaN       22612.8
        3     锦江     星城银座      ......     29人关注 / 5月前发布   近地铁    18014.5
        4     锦江     新莲新苑      ......     14人关注 / 5月前发布   NaN       13513.5
        ...             ...          ......
        997   锦江     大地城市脉搏  ......     1人关注 / 6月前发布    近地铁    25089.1
        998   锦江     俊发星雅俊园  ......     7人关注 / 4月前发布    NaN       8911.2
        [999 rows x 7 columns]
```

从输出结果可以看出，删除重复项之后，二手房数据又减少了若干行，剩余999行。

3. 异常值处理

缺失值和重复值处理完之后，还需检测“单价（元/平方米）”列中是否包含异常值。因为每个楼盘的地理位置、配套设施以及开盘时间各不相同，所以每个小区的出售价格也不相同，无法直接对“单价（元/平方米）”列进行异常值检测。为了准确地检测异常值，这里先按小区名称对数据进行分组，再分别对每个分组进行异常值检测。

下面以“翡翠城四期”小区为例，使用箱形图检测该小区“单价（元/平方米）”列中是否存在异常值，代码如下。

```
In []:  from matplotlib import pyplot as plt
        # 设置中文显示
        plt.rcParams['font.sans-serif'] = ['SimHei']
        estate = second_hand_house[second_hand_house['小区名称'].
                                   values == '翡翠城四期' ]
        box = estate.boxplot(column='单价(元/平方米)')
        plt.show()
```

运行代码，效果如图5-12所示。

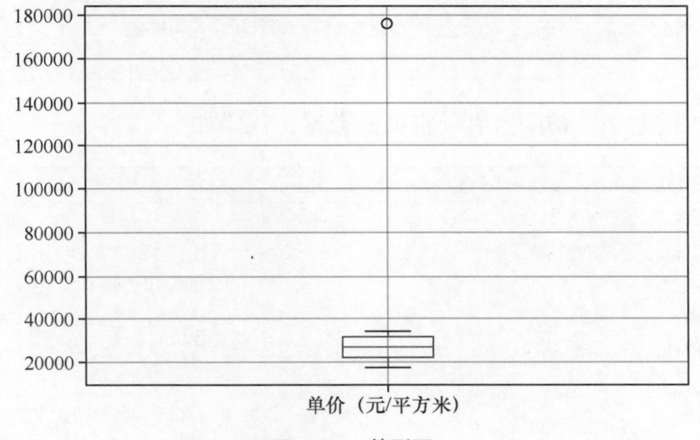

图5-12 箱形图

从图 5-12 中可以看出，箱形图中有一个异常值。对于被检测出来的异常值，我们需要先查看具体是哪些数据，之后再决定是否删除。

定义一个用于获取异常值及其索引的函数 box_outliers()，代码如下。

```
In  []: def box_outliers(ser):
            # 对需要检测的数据集进行排序
            new_ser = ser.sort_values()
            # 判断数据的总数量是奇数还是偶数
            if new_ser.count() % 2 == 0:
                # 分别计算Q3、Q1、IQR
                Q3 = new_ser[int(len(new_ser) / 2):].median()
                Q1 = new_ser[:int(len(new_ser) / 2)].median()
            elif new_ser.count() % 2 != 0:
                Q3 = new_ser[int((len(new_ser)-1) / 2):].median()
                Q1 = new_ser[:int((len(new_ser)-1) / 2)].median()
            IQR = round(Q3 - Q1, 1)
            rule = (round(Q3+1.5 * IQR, 1)<ser) | (round(Q1-1.5 * IQR, 1) > ser)
            index = np.arange(ser.shape[0])[rule]
            # 获取包含异常值的数据
            outliers = ser.iloc[index]
            return outliers
```

依次获取每个小区数据，并使用 box_outliers() 函数检测数据中是否包含异常值，返回数据中的异常值及其对应的索引，代码如下。

```
In  []: # 保存异常值索引
        outliers_index_list = []
        for i in set(second_hand_house['小区名称']):
            estate = second_hand_house[second_hand_house['小区名称'].
                                       values == i]
            outliers_index = box_outliers(estate['单价(元/平方米)'])
            if len(outliers_index) != 0:
                # 将异常值的索引添加到定义的列表中
                outliers_index_list.append(outliers_index.index.tolist())
        # 此时的outliers_index_list为嵌套列表，下面将其转换为单层列表
        outliers_index_single_li = sum(outliers_index_list, [])
```

根据以上获得的索引，访问含有异常值的数据，代码如下。

```
In  []: second_hand_house.loc[[i for i in outliers_index_single_li]]
Out []:     区      小区名称        ......  关注                        地铁    单价(元/平方米)
        874 锦江    望江橡树林一期   ......  12人关注 / 4月前发布        NaN     31983.6
        475 锦江    人居锦尚春天B区  ......  6人关注 / 4月前发布         NaN     17777.8
        700 锦江    锦江逸家         ......  4人关注 / 5月前发布         NaN     34955.6
        0   锦江    翡翠城四期       ......  331人关注/ 5月前发布        近地铁  176036.0
        ...         ...             ......
        779 锦江    澳龙名城         ......  17人关注 / 11月前发布       近地铁  29001.7
        [19 rows x 7 columns]
```

结合实际房价市场的调查可知，以上输出的“翡翠城四期”小区的单价值高于实际单价值，因此断定其为异常值，需要将其删除，代码如下。

```
In  []:   second_hand_house.drop(0)
Out []:        区       小区名称      ......     关注                    地铁  单价(元/平方米)
        1     锦江    时代豪庭一期    ...... 137人关注\n / 5月前发布   NaN   26959.4
        2     锦江     卓锦城六期     ......  36人关注 / 23天前发布   NaN   22612.8
        3     锦江      星城银座      ......     29人关注 / 5月前发布   近地铁  18014.5
        ...            ...          ......
        998   锦江    俊发星雅俊园    ......      7人关注 / 4月前发布   NaN    8911.2
        [998 rows x 7 columns]
```

至此，成都某地区二手房数据清理完成。

5.6　本章小结

本章主要讲解了数据清理相关的内容，包括数据清理概述、缺失值的检测与处理、重复值的检测与处理、异常值的检测与处理等。通过本章的学习，希望读者能够掌握数据清理的常见操作，为后续的学习打好基础。

5.7　习题

一、填空题

1. ________花费的时间占整个数据分析或数据挖掘花费时间的 50%~70%。
2. 重复值产生的原因主要有________和________。
3. pandas 中________或________表示缺失值。
4. ________是指样本数据中处于特定范围之外的个别值。
5. 箱形图通常由上边缘、上四分位数、________、下四分位数、下边缘和异常值组成。

二、判断题

1. 重复值没有任何使用价值。(　　)
2. 只要是异常值就必须删除。(　　)
3. 缺失值一定会被删除。(　　)
4. fillna() 方法仅支持使用固定值填充。(　　)
5. 箱形图可用于检测数据中的重复值。(　　)

三、选择题

1. 下列选项中，用于检测缺失值的方法是（　　）。

A. isnull()　　　　B. isna()

C. notna()　　　　D. 以上均是

2. 下列选项中，用于删除缺失值的方法是（　　）。

A. dropna()

B. deletena()

C. drop_na()

D. delete_na()

3. 关于数据清理的说法中，下列描述错误的是（　　）。

A. 数据清理的目的是提高数据质量

B. 异常值被处理之前需要先辨别其是“真异常”还是“伪异常”

C. 若使用包含缺失值的数据进行分析，可能会降低预测结果的准确率

D. 箱形图只能检测符合正态分布的数据

4. 下列选项中，描述正确的是（　　）。

A. 使用 3σ 准则检测异常值对待检测的数据无任何要求

B. 异常值只在箱形图下边缘以外的位置出现

C. 使用箱形图检测异常值，需要保证待检测的数据符合正态分布

D. 箱形图中异常值范围为大于 $Q1-1.5IQR$ 或小于 $Q3+1.5IQR$

5. 请阅读下面一段代码：

```
import pandas as pd
from numpy import NaN
series_obj = pd.Series([None, 4, NaN])
print(pd.isnull(series_obj))
```

以上代码执行后，最终输出的结果为（　　）。

A.

0　True

1　False

2　True

dtype: bool

B.

0　True

1　True

2　False

dtype: bool

C.

0　False

1　True

2　True

dtype: bool

D.

0　True

1　True

2　True

dtype: bool

四、简答题

1. 简述缺失值、重复值、异常值的常见处理方式。

2. 简述 3σ 准则与箱形图检测异常值的区别。

五、编程题

现有一份保存了 1000 个值的 number.xlsx 文件，使用 Excel 打开后该文件的部分内容如图 5-13 所示。

按要求操作图 5-13 所示的文件中的数据，具体如下。

（1）检测数据中是否有缺失值，若有缺失值使用线性插值法进行填充。

（2）使用箱形图检测数据中是否有异常值，若有异常值，则删除异常值。

	A	B
1		value
2	0	18.6
3	1	12.9
4	2	15.4
5	3	14.4
6	4	18.7
7	5	13.6
8	6	12.1
9	7	18.2
10	8	11.4
11	9	10.8
12	10	15
13	11	19.3
14	12	18.7
15	13	10.8
16	14	
17	15	18.4
18	16	17.7
19	17	17.5

图 5-13　number.xlsx 文件的部分内容

第6章

数据集成、变换与规约

学习目标

拓展阅读（6）

★了解数据集成、数据变换、数据规约的常见操作

★掌握合并数据操作，可通过多种方式合并数据

★掌握轴向旋转、分组与聚合、哑变量处理、面元划分操作

★掌握重塑分层索引、降采样操作

利用前面学习的数据清理可以对有问题的数据进行处理，以得到高质量数据。高质量数据一般要经过数据集成、数据变换或数据规约的过程，来整合多渠道的数据、转换数据的形式或筛选与目标有关的数据，以符合数据分析或数据挖掘的需求，提高数据分析或数据挖掘的效率。本章将针对数据集成、数据变换、数据规约的相关操作进行详细的介绍。

6.1 数据集成

6.1.1 数据集成概述

数据分析或数据挖掘中需要的数据往往有不同的来源，这些数据的格式、特点千差万别且质量较低，给数据分析或数据挖掘增加了难度。为提高数据分析或数据挖掘的效率，多个数据源的数据需要合并到一个数据源，形成统一的数据来源，这一过程就是数据集成。

在数据集成期间可能会面临很多问题，包括实体识别、冗余属性识别、元组重复、数据值冲突等，其中实体识别、冗余属性识别、元组重复较难理解，下面分别对这些问题进行着重介绍。

1. 实体识别

实体识别指从不同数据源中识别出现实世界的实体，主要用于统一不同数据源的矛盾之处。常见的矛盾包括同名异义、异名同义、单位不统一等，其中同名异义指同一属性对应着不同的实体，如数据源 A 和数据源 B 的属性 id 分别描述的是商品编号和订单编号；异名同义指不同属性对应着同一实体，如数据源 A 的属性 sale_dt 与数据源 B 的属性 sale_date 描述的都是销售日期；单位不统一指同一个实体分别用不同标准的容积单位表示，如数据源 A 和数据源 B 中的属性 fuel_consumption 分别描述的是以升和加仑为容积单位的燃料消耗量。

2. 冗余属性识别

冗余属性识别是数据集成期间极易产生的问题，这一问题主要是由同一属性多次出现、同一属性命名方式不一致造成的。对冗余属性而言，需要先进行检测，一旦检测到冗余属性就将该属性删除。

3. 元组重复

元组重复是数据集成期间另一个容易产生的数据冗余问题，这一问题主要是由录入错误或未及时更新造成的。例如，订单中同一订货人有多个不同的地址信息。

需要说明的是，由于数据源存在以上数据问题，数据集成之后可能需要经过数据清理，以便清除可能存在的实体识别、冗余属性识别和元组重复问题。

pandas 中有关数据集成的操作是合并数据，pandas 为该操作提供了丰富的函数或方法，后续小节会展开介绍。

6.1.2　合并数据

pandas 在处理多组数据时经常会涉及合并操作。pandas 中内置了许多能轻松地合并数据的函数或方法，通过这些函数或方法可以对 Series 类对象或 DataFrame 类对象进行符合各种逻辑关系的合并操作，合并后生成一个整合的 Series 类对象或 DataFrame 类对象。接下来，通过一张表来列举 pandas 中用于合并数据的函数或方法，这些函数或方法及其说明如表 6-1 所示。

表 6-1　pandas 中用于合并数据的函数或方法及其说明

函数 / 方法	说明
merge()	根据一个或多个键连接两组数据
merge_ordered()	通过可选的填充值 / 插值连接两组有序的数据（如时间序列）
merge_asof()	根据匹配最近的键连接两个 DataFrame 类对象（必须按键进行排序）
join()	根据行索引连接多组数据
concat()	沿着某一轴方向堆叠多组数据
append()	向数据末尾追加若干行数据
combine_first()	使用一个对象填充另一个对象中相同位置的缺失值

表 6-1 列举了 pandas 中内置的用于合并数据的函数或方法，其中前 3 个函数用于主键合并数据，最后一个函数用于重叠合并数据，剩余的函数都用于堆叠合并数据。下面对主键合并数据、重叠合并数据、堆叠合并数据进行详细的介绍。

1. 主键合并数据

主键合并数据类似于关系数据库的连接操作，主要通过指定一个或多个键对两组数据进行连接，通常以两组数据中重复的列索引为合并键。下面以 merge() 函数为例介绍主键合并数据操作。merge() 函数的语法格式如下。

```
DataFrame.merge(left, right, how='inner', on=None, left_on=None,
    right_on=None, left_index=False, right_index=False, sort=False,
    suffixes='_x', '_y', copy=True, indicator=False, validate=None)
```

merge() 函数中常用参数的含义如下。

- left、right：表示参与合并的 Series 类对象或 DataFrame 类对象。
- how：表示数据合并的方式，支持 'inner'（默认值）、'left'、'right'、'outer' 共 4 种取值，其中 'inner' 代表基于 left 与 right 的共有的键合并，类似于数据库的内连接操作；'left' 代表基于 left 的键合并，类似于数据库的左外连接操作；'right' 代表基于 right 的键合并，类似于数据库的右外连接操作；'outer' 代表基于所有 left 与 right 的键合并，类似于数据库的全外连接操作。
- on：表示 left 与 right 合并的键。
- left_on：表示将 left 中的列索引作为键。
- right_on：表示将 right 中的列索引作为键。
- left_index：表示将 left 中的行索引作为键。
- right_index：表示将 right 中的行索引作为键。
- sort：表示按键对应列的顺序对合并结果进行排序，默认为 True。

merge() 函数支持 4 种合并方式，即 'inner'、'left'、'right'、'outer'，依次对应着数据库的内连接、左外连接、右外连接、全外连接操作。为帮助大家更好地理解这些操作，接下来，通过图来描述这 4 种主键合并数据方式，具体如图 6-1 所示。

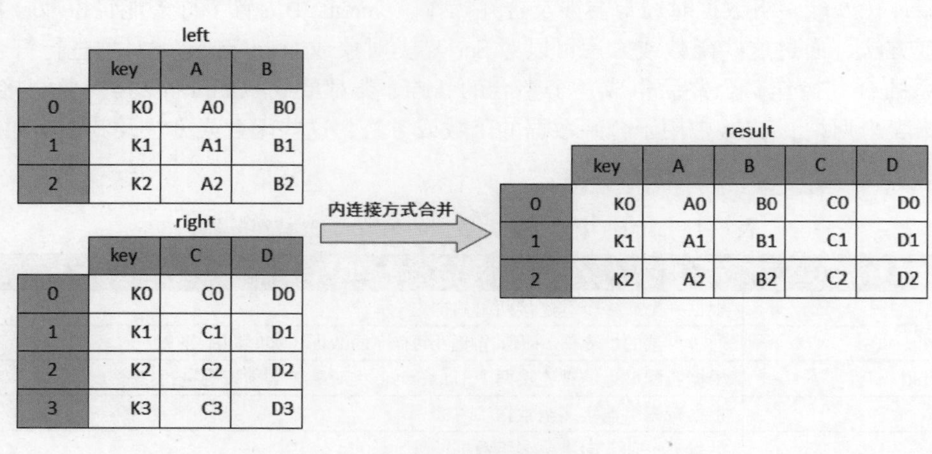

（a）内连接

left

	key	A	B
0	K0	A0	B0
1	K1	A1	B1
2	K2	A2	B2

right

	key	C	D
0	K0	C0	D0
1	K1	C1	D1
2	K2	C2	D2
3	K3	C3	D3

左外连接方式合并

result

	key	A	B	C	D
0	K0	A0	B0	C0	D0
1	K1	A1	B1	C1	D1
2	K2	A2	B2	C2	D2

（b）左外连接

图 6-1　主键合并数据

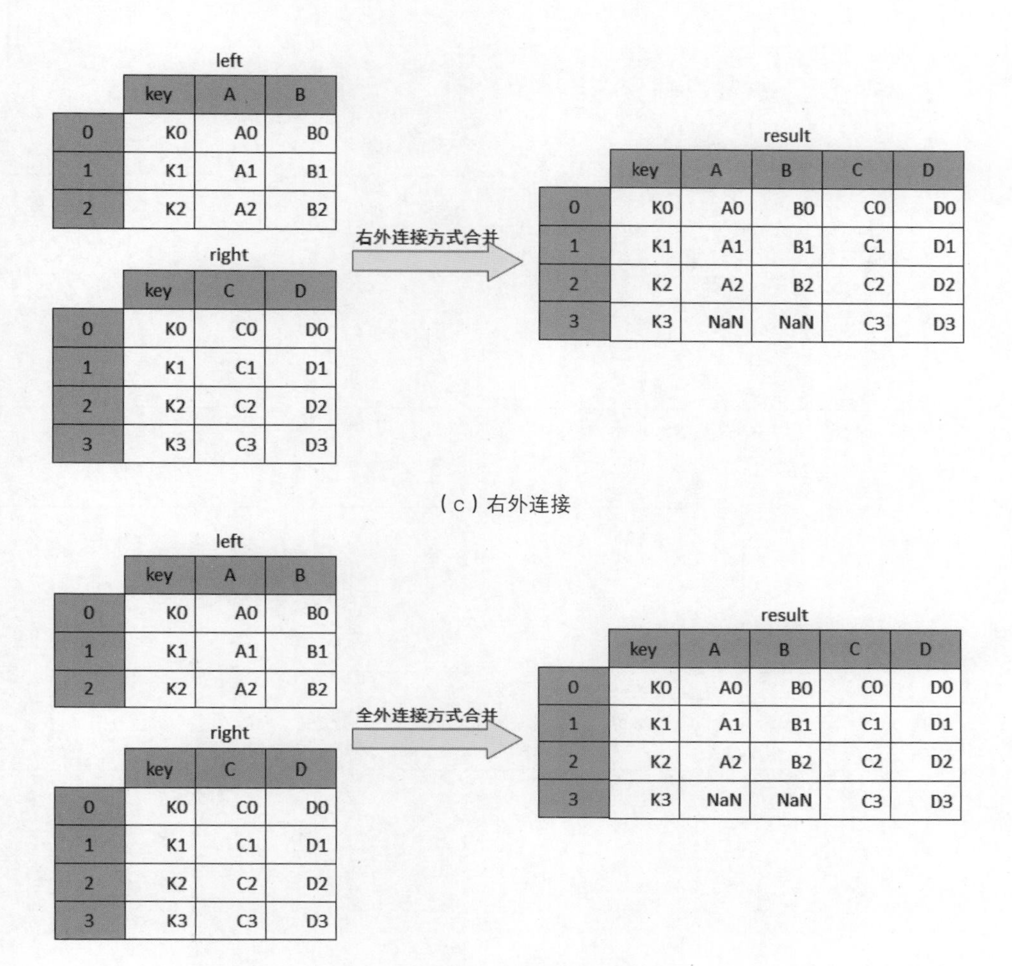

（c）右外连接

（d）全外连接

图 6-1　主键合并数据（续）

图 6-1 中，left、right 分别是两组待合并的数据，且都有索引为 key 的一列数据，其中 left 有 3 行数据，right 有 4 行数据，result 是合并的结果数据。观察图 6-1（a）和图 6-1（b）可知，result 是一个 3 行 5 列的表格数据，且保留了 key 列交集部分的数据。观察图 6-1（c）和图 6-1（d）可知，result 是一个 4 行 5 列的表格数据，且保留了 key 列并集部分的数据。由于 A、B 两列只有 3 行数据，C、D 两列有 4 行数据，合并后 A、B 两列没有数据的位置填充为 NaN。

例如，创建两个图 6-1 所示的 left 和 right 对象，按主键 key 分别采用内连接、左外连接、右外连接、全外连接的方式合并这两个对象，具体代码如下。

```
In  []:   import pandas as pd
          df_left = pd.DataFrame({'key':['K0','K1','K2'],
                                  'A':['A0','A1','A2'],
                                  'B':['B0','B1','B2']})
          df_right = pd.DataFrame({'key':['K0','K1','K2','K3'],
                                   'C':['C0','C1','C2','C3'],
                                   'D':['D0','D1','D2','D3']})
          # 以key为主键，采用内连接的方式合并数据
          result = pd.merge(df_left, df_right, on='key')
          print(result)
```

```
  key  A   B   C   D
0  K0  A0  B0  C0  D0
1  K1  A1  B1  C1  D1
2  K2  A2  B2  C2  D2
```

```
In  []:  # 以key为主键，采用左外连接的方式合并数据
         result = pd.merge(df_left, df_right, on='key', how='left')
         print(result)
```

```
  key  A   B   C   D
0  K0  A0  B0  C0  D0
1  K1  A1  B1  C1  D1
2  K2  A2  B2  C2  D2
```

```
In  []:  # 以key为主键，采用右外连接的方式合并数据
         result = pd.merge(df_left, df_right, on='key', how='right')
         print(result)
```

```
  key   A    B   C   D
0  K0   A0   B0  C0  D0
1  K1   A1   B1  C1  D1
2  K2   A2   B2  C2  D2
3  K3  NaN  NaN  C3  D3
```

```
In  []:  # 以key为主键，采用全外连接的方式合并数据
         result = pd.merge(df_left, df_right, on='key', how='outer')
         print(result)
```

```
  key   A    B   C   D
0  K0   A0   B0  C0  D0
1  K1   A1   B1  C1  D1
2  K2   A2   B2  C2  D2
3  K3  NaN  NaN  C3  D3
```

2. 堆叠合并数据

堆叠合并数据类似于数据库中合并数据表的操作，主要沿着某个轴对多个对象进行连接。下面以 concat() 函数为例介绍堆叠合并数据操作。concat() 函数的语法格式如下。

```
pandas.concat(objs, axis=0, join='outer', join_axes=None,
    ignore_index=False, keys=None, levels=None, names=None,
    verify_integrity=False, sort=None, copy=True)
```

concat() 函数中常用参数的含义如下。

- objs：表示参与合并的 Series 类对象或 DataFrame 类对象列表。
- axis：表示要合并的轴，取值可以为 0/'index' 或 1/'columns'，默认值为 0，说明沿着行方向的轴合并数据。
- join：表示合并的方式，取值可以为 'inner' 或 'outer'（默认值），其中 'inner' 表示内连接，即合并结果为多个对象重叠部分的索引及数据，没有数据的位置填充为 NaN；'outer' 表示外连接，即合并结果为多个对象各自的索引及数据，没有数据的位置填充为 NaN。
- ignore_index：是否忽略索引，取值可以为 True 或 False（默认值）。若设为 True，则会在清除结果对象的现有索引后生成一组新的索引。

假设现有两个对象 left 和 right，采用外连接方式分别沿行方向和列方向对这两个对象进

行合并，具体如图 6-2 所示。

left

	key	A	B
0	K0	A0	B0
1	K1	A1	B1
2	K2	A2	B2

right

	key	C	D
0	K0	C0	D0
1	K1	C1	D1
2	K2	C2	D2
3	K3	C3	D3

沿行方向合并

result

	key	A	B	C	D
0	K0	A0	B0	NaN	NaN
1	K1	A1	B1	NaN	NaN
2	K2	A2	B2	NaN	NaN
0	K0	NaN	NaN	C0	D0
1	K1	NaN	NaN	C1	D1
2	K2	NaN	NaN	C2	D2
3	K3	NaN	NaN	C3	D3

（a）采用外连接方式沿行方向合并示意

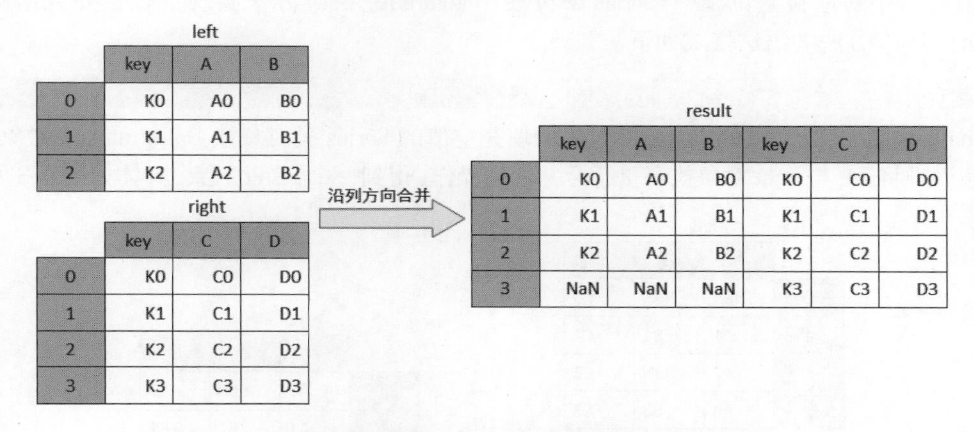

left

	key	A	B
0	K0	A0	B0
1	K1	A1	B1
2	K2	A2	B2

right

	key	C	D
0	K0	C0	D0
1	K1	C1	D1
2	K2	C2	D2
3	K3	C3	D3

result

	key	A	B	key	C	D
0	K0	A0	B0	K0	C0	D0
1	K1	A1	B1	K1	C1	D1
2	K2	A2	B2	K2	C2	D2
3	NaN	NaN	NaN	K3	C3	D3

（b）采用外连接方式沿列方向合并示意

图 6-2　堆叠合并数据

观察图 6-2（a）可知，result 对象由 left 与 right 上下拼接而成，其行索引与列索引为 left 与 right 的索引，由于 left 没有 A、B 两个列索引，right 没有 C、D 两个列索引，因此这两列相应的位置填充了 NaN。

观察图 6-2（b）可知，result 对象由 left 与 right 左右拼接而成，由于 left 没有 3 这个行索引，因此这行相应的位置填充了 NaN。

下面编写代码采用外连接的方式沿行方向和列方向合并 left 和 right 对象，具体代码如下。

```
In  []:   # 采用外连接方式沿行方向合并数据
          result = pd.concat([df_left, df_right], axis=0)
          print(result)
```

```
  key    A    B    C    D
0  K0   A0   B0  NaN  NaN
1  K1   A1   B1  NaN  NaN
2  K2   A2   B2  NaN  NaN
0  K0  NaN  NaN   C0   D0
1  K1  NaN  NaN   C1   D1
```

```
          2  K2  NaN  NaN   C2   D2
          3  K3  NaN  NaN   C3   D3
In  []:   # 采用外连接方式沿列方向合并数据
          result = pd.concat([df_left, df_right], axis=1)
          print(result)
             key    A    B key   C   D
          0   K0   A0   B0  K0  C0  D0
          1   K1   A1   B1  K1  C1  D1
          2   K2   A2   B2  K2  C2  D2
          3  NaN  NaN  NaN  K3  C3  D3
```

3. 重叠合并数据

当两组数据的索引完全重合或部分重合，且数据中存在缺失值时，可以采用重叠合并的方式组合数据。重叠合并数据是一种并不常见的操作，它主要将一组数据的空值填充为另一组数据中对应位置的值。pandas 中可使用 combine_first() 方法实现重叠合并数据操作。combine_first() 方法的语法格式如下。

```
combine_first(other)
```

combine_first() 方法中的 other 参数表示填充空值的 Series 类对象或 DataFrame 类对象。

假设现将 left 与 right 对象执行重叠合并数据操作，得到一个 result 对象，具体如图 6-3 所示。

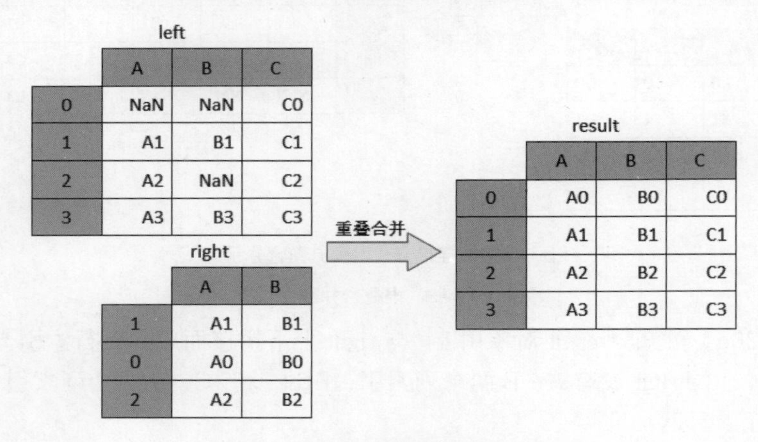

图 6-3　重叠合并数据

观察图 6-3 可知，left 对象有 3 个 NaN 值，分别位于 0 行 A 列、0 行 B 列、2 行 B 列，right 对象没有 NaN 值，left 和 right 经过重叠合并后得到 result 对象。result 对象与 left 对象的结构相同，并且原先的 3 个 NaN 值被填充为 right 对象中与 NaN 位置相同的值，分别是 0 行 A 列的值 A0、0 行 B 列的值 B0、2 行 B 列的值 B2。

接下来，通过示例演示图 6-3 所示的重叠合并数据操作，具体代码如下。

```
In  []:   import numpy as np
          from numpy import NAN
          import pandas as pd
          df_left = pd.DataFrame({'A': [np.nan, 'A1', 'A2', 'A3'],
                                  'B': [np.nan, 'B1', np.nan, 'B3'],
                                  'C': ['C0', 'C1', 'C2', 'C3']})
```

```
df_right = pd.DataFrame({'A': ['A1', 'A0','A2'],
                         'B': ['B1', 'B0','B2']}, index=[1,0,2])
# 采用重叠合并的方式组合数据
result = df_left.combine_first(df_right)
print(result)
    A   B   C
0  A0  B0  C0
1  A1  B1  C1
2  A2  B2  C2
3  A3  B3  C3
```

6.2 数据变换

6.2.1 数据变换概述

在对数据进行分析或挖掘之前，数据必须满足一定的条件，如进行方差分析时要求数据具有正态性、方差齐性、独立性、无偏性，需进行诸如平方根、对数、平方根反正弦的操作，实现从一种形式到另一种“适当”形式的变换，以满足数据分析或数据挖掘的需求，这一过程就是数据变换。

数据变换主要是从数据中找到特征表示，通过一些转换方法减少有效变量的数量或找到数据的不变式，常见的操作可以分为数据标准化处理、数据离散化处理和数据泛化处理 3 类，关于这 3 类操作的介绍如下。

1. 数据标准化处理

数据标准化处理是将数据按照一定的比例缩放，使数据映射到一个比较小的特定区间。例如，月工资 30000 映射到 [0,1] 区间后变成 0.3。

数据标准化处理的目的在于避免数据量级对模型的训练造成影响。数据标准化处理主要包括以下 3 种常用的方法。

- 最小 – 最大标准化：又称离差标准化，主要对数据进行线性变换，使数据范围变为 [0,1]。
- 均值标准化：又称标准差标准化，通过该方法处理的新数据中均值为 0，标准差为 1。
- 小数定标标准化：移动数据的小数点，使数据映射到 [−1,1]。

2. 数据离散化处理

数据离散化处理一般是在数据的取值范围内设定若干个离散的划分点，将取值范围划分为若干个离散化的区间，分别用不同的符号或整数值代表落在每个子区间的数值。例如，取值范围 0~60 被划分为 3 个区间，即 [0,20]、[21,40]、[41,60]，数值 11 落在 [0,20] 区间内。

数据离散化处理主要包括等宽法和等频法，其中等宽法将属性的值域从最小值到最大值划分成具有相同宽度的区间，具体划分多少个区间由数据本身的特点决定，或者由具有业务经验的用户指定；等频法将相同数量的数据划分到每个区间，以保证每个区间的数据数量基本一致。

以上两种方法虽然简单，但是都需要人为地规定划分区间的个数。等宽法会不均匀地将属性值划分到各个区间，导致有些区间包含较多数据，有些区间包含较少数据，不利于数据挖掘工作后期决策模型的建立。

3. 数据泛化处理

数据泛化处理指用高层次概念的数据取代低层次概念的数据。例如，年龄是一个低层次的概念，它经过泛化处理后会变成诸如青年、中年等高层次的概念。

需要说明的是，除了上面介绍的操作以外，数据变换期间可能还会涉及一些基本的变换操作，包括轴向旋转（见 6.2.2 小节）、分组与聚合（见 6.2.3 小节）等，关于这些操作会在后面的小节展开介绍。

6.2.2 轴向旋转

轴向旋转是一种基本的数据变换操作，主要是重新指定一组数据的行索引或列索引，以达到重新组织数据结构的目的。pandas 中 DataFrame 类对象使用 pivot() 或 melt() 方法实现轴向旋转操作，下面分别对这两个方法进行介绍。

1. pivot() 方法

pivot() 方法用于将 DataFrame 类对象的某一列数据转换为列索引，其语法格式如下。

```
DataFrame.pivot(index=None, columns=None, values=None)
```

pivot() 方法的 index 参数表示新生成对象的行索引，若未指定则说明使用现有对象的行索引；columns 参数表示新生成对象的列索引；values 参数表示填充新生成对象的值。

假设某商店记录了 5 月和 6 月活动期间不同品牌手机的促销价格，并将其保存到以商品名称、出售日期、价格为列标题的表格中，若对该表格的“商品名称”列进行轴向旋转操作，即将“商品名称”一列的唯一值变换成列索引，将“出售日期”一列的唯一值变换成行索引。轴向旋转前、后的对比效果如图 6-4 所示。

轴向旋转前

	商品名称	出售日期	价格(元)
0	荣耀9X	5月25日	999
1	小米6X	5月25日	1399
2	OPPO A1	5月25日	1399
3	荣耀9X	6月18日	800
4	小米6X	6月18日	1200
5	OPPO A1	6月18日	1250

（a）

轴向旋转后

商品名称	OPPO A1	小米6X	荣耀9X
出售日期			
5月25日	1399	1399	999
6月18日	1250	1200	800

（b）

图 6-4 轴向旋转前、后的对比效果

接下来，使用 pivot() 方法演示图 6-4 所示的轴向旋转操作，代码如下。

```
In []:    import pandas as pd
          df_obj =  pd.DataFrame({'商品名称': ['荣耀9X','小米6X','OPPO A1',
                              '荣耀9X','小米6X','OPPO A1'],
                            '出售日期': ['5月25日', '5月25日','5月25日',
                                   '6月18日','6月18日', '6月18日'],
                            '价格(元)': [999, 1399, 1399, 800, 1200, 1250]})
          print(df_obj)
```

```
        商品名称     出售日期     价格(元)
0       荣耀9X       5月25日      999
1       小米6X       5月25日      1399
2       OPPO A1      5月25日      1399
3       荣耀9X       6月18日      800
4       小米6X       6月18日      1200
5       OPPO A1      6月18日      1250
In  []: # 将"出售日期"一列的唯一值变换为行索引，"商品名称"一列的唯一值变换为列索引
        new_df = df_obj.pivot(index='出售日期', columns='商品名称',
                              values='价格(元)')
        new_df
Out []: 商品名称   OPPO A1   小米6X   荣耀9X
        出售日期
        5月25日    1399      1399     999
        6月18日    1250      1200     800
```

2. melt()方法

melt()是pivot()的逆操作方法，用于将DataFrame类对象的列索引转换为一行数据，其语法格式如下。

```
DataFrame.melt(id_vars=None, value_vars=None, var_name=None,
value_name='value', col_level=None, ignore_index=True)
```

melt()方法中各参数的含义如下。

- id_vars：表示无须被转换的列索引。
- value_vars：表示待转换的列索引。若剩余列都需要转换，则忽略此参数。
- var_name：表示自定义的列索引。
- value_name：表示自定义的数据所在列的索引。
- col_level：表示列索引的级别。若列索引是分层索引，则可以使用此参数。
- ignore_index：表示是否忽略索引，默认为True。

接下来，使用melt()方法对前面的new_df对象进行轴向旋转，将其重新组织成一个类似于图6-4(a)所示的对象，代码如下。

```
In  []: # 将列索引转换为一行数据
        new_df.melt(value_name='价格(元)', ignore_index=False)
Out []:            商品名称   价格(元)
        出售日期
        5月25日    OPPO A1    1399
        6月18日    OPPO A1    1250
        5月25日    小米6X     1399
        6月18日    小米6X     1200
        5月25日    荣耀9X     999
        6月18日    荣耀9X     800
```

6.2.3 分组与聚合

分组与聚合是常见的数据变换操作，其中分组指根据分组条件（一个或多个键）将原数

据拆分为若干个分组；聚合指任何能从分组数据生成标量值的变换过程，这一过程主要是对各分组应用同一操作，并把操作所得的结果整合到一起，生成一组新数据。分组与聚合操作大致历经以下 3 个步骤。

（1）拆分：原数据按分组条件拆分为若干个分组。

（2）应用：各分组应用同一操作产生一个标量值。

（3）合并：将产生的标量值整合成新数据。

为帮助大家更好地理解分组与聚合，接下来，通过图 6-5 来描述分组与聚合的基本过程。

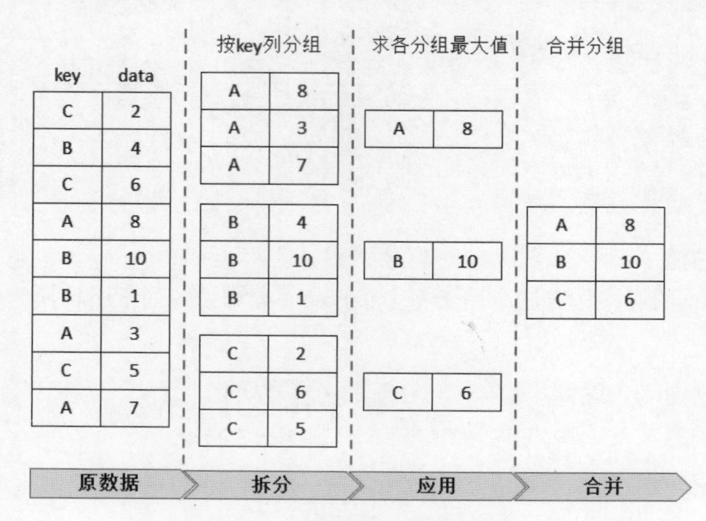

图 6-5　分组与聚合的基本过程

在图 6-5 中，原数据的 key 列有 A、B、C 这 3 种值，原数据首先经过拆分，按 key 列划分为 3 个组（key 为 A 的数据归为一组，key 为 B 的数据归为一组，key 为 C 的数据归为一组）；然后经过应用，对每个分组执行求最大值的操作，依次求出每个分组的最大值（8、10、6），并且只保留有最大值的一行数据。最后经过合并，将各分组中拥有最大值的一行数据整合到一起。

pandas 中针对分组与聚合操作提供了众多方法，例如 groupby()、agg()、transform() 等，通过这些方法可帮助开发人员轻松地拆分和合并数据。下面分别为大家介绍 pandas 如何实现分组与聚合操作，具体内容如下。

1. 分组操作

pandas 中使用 groupby() 方法根据键将原数据拆分为若干个分组。groupby() 方法的语法格式如下。

```
groupby(by=None, axis=0, level=None, as_index=True, sort=True,
    group_keys=True, squeeze=<object object>, observed=False, dropna=True)
```

groupby() 方法中常用参数的含义如下。

- by：表示分组的条件，取值可以为字符串、列表、字典或 Series 类对象、函数等。
- axis：表示分组操作的轴编号，取值可以是 0 或 1。该参数的默认值为 0，代表沿列方向操作。
- level：表示标签索引所在的级别，默认为 None。

- as_index：表示聚合后新数据的索引是否为分组标签的索引，默认为 True。
- sort：表示是否对分组索引进行排序，默认为 True。
- group_keys：表示是否显示分组标签的名称，默认为 True。

使用 pandas 的 groupby() 方法拆分数据后会返回一个 GroupBy 类对象，该对象是一个可迭代对象，它里面包含每个分组的具体信息，但无法直接显示。若 DataFrame 类对象调用 groupby() 方法，会返回一个 DataFrameGroupBy 类对象；若 Series 类对象调用 groupby() 方法，会返回一个 SeriesGroupBy 类对象。DataFrameGroupBy 和 SeriesGroupBy 都是 GroupBy 类的子类。

为加深大家对 groupby() 方法的理解，接下来，创建一个图 6-5 中的原数据所示的 DataFrame 类对象，并使用 groupby() 方法将该对象拆分为若干个组，具体代码如下。

```
In  []:   import pandas as pd
          df_obj = pd.DataFrame({"key":["C", "B", "C", "A", "B",
                                        "B", "A", "C", "A"],
                          "data":[2, 4, 6, 8, 10, 1, 3, 5, 7]})
          # 根据key列对df_obj进行分组
          groupby_obj = df_obj.groupby(by="key")
          print(groupby_obj)
          <pandas.core.groupby.generic.DataFrameGroupBy object at 0x000000000E4112B0>
```

以上代码首先创建了一个拥有 key 和 data 两列的对象 df_obj，然后在调用 groupby() 方法时给 by 参数传入 key，说明以 key 列为分组条件拆分 df_obj 对象，并将拆分后的结果赋值给 groupby_obj。从输出结果可以看出，程序输出了一个包含分组信息的 DataFrameGroupBy 类对象。

若希望查看每个分组的具体信息，可以直接通过 for 循环遍历 DataFrameGroupBy 类对象。例如，使用 for 循环遍历 groupby_obj 对象，代码如下。

```
In  []:   for group in groupby_obj:  # 遍历DataFrameGroupBy类对象
              print(group)
          ('A',   key   data
                3   A      8
                6   A      3
                8   A      7)
          ('B',   key   data
                1   B      4
                4   B     10
                5   B      1)
          ('C',   key   data
                0   C      2
                2   C      6
                7   C      5)
```

从输出结果可以看出，程序依次输出了 3 个元组，元组的第一个元素为分组的名称，元组的第二个元素为每个分组对象。

若希望只输出每个分组的信息，可以利用列表推导式将遍历的每个分组转换成一个字典，此时字典的键为列表的第一个元素，值为列表的第二个元素。我们可以通过访问字典值的方式获取每个分组的数据，例如，分别获取 A 分组的数据，代码如下。

```
In  []:    result = dict([x for x in groupby_obj])['A']
           print(result)
             key  data
           3   A     8
           6   A     3
           8   A     7
```

需要说明的是，分组的个数取决于分组条件的设定，如上面示例的分组个数是原数据的 key 列中唯一数据的个数。

2. 聚合操作

pandas 中可通过多种方式实现聚合操作，除前文介绍过的内置统计方法之外，还包括 agg()、transform() 和 apply() 方法，关于这些方法的介绍如下。

- agg() 方法既可以接收内置的统计方法，又可以接收自定义的函数，甚至可以同时运用多个方法或函数，或给各列分配不同的方法或函数，能够对分组应用灵活的聚合操作。
- transform() 方法能对分组应用灵活的运算操作，同时可使聚合前与聚合后的数据结构保持一致。
- apply() 方法既可以直接接收内置的统计方法，又可以接收自定义的函数。

为帮助大家更好地理解聚合操作，下面分别对这几种方式进行详细的讲解。

（1）使用内置统计方法聚合数据。

GroupBy 类对象可以直接使用 Python 内置的统计方法来聚合各分组的数据。例如，对以上示例中的 groupby_obj 对象应用求最大值的方法 max()，依次将各分组中有最大值的几行数据整合在一起，代码如下。

```
In  []:    print(groupby_obj.max())    # 使用max()方法聚合分组数据
                data
           key
           A       8
           B      10
           C       6
```

（2）使用 agg() 方法聚合数据。

当内置的统计方法无法满足开发需求时，开发人员需要自定义函数，将该函数传入 agg() 方法以聚合分组数据。agg() 方法不仅可以将多个函数或方法作用于同一列或每一列，还可以将不同的函数或方法作用于不同列，以实现更加灵活的聚合操作，其语法格式如下。

```
agg(func, *args, **kwargs)
```

agg() 方法的 func 参数表示应用于分组数据中每行或每列的函数或方法，可以是字典、列表、单个函数或方法名。

为加深大家对 agg() 方法的理解，接下来，创建一个 6 行 6 列的 DataFrame 类对象，将该对象根据某一列表分组后，通过 agg() 方法将自定义的求极差的函数依次应用于各分组，之后聚合各分组的数据，代码如下。

```
In  []:  from pandas import DataFrame
         df_obj = DataFrame({'a': [0, 6, 12, 18, 24, 30],
                             'b': [1, 7, 13, 19, 25, 31],
                             'c': [2, 8, 14, 20, 26, 32],
                             'd': [3, 9, 15, 21, 27, 33],
                             'e': [4, 10, 16, 22, 28, 34],
                             'f': [5, 11, 17, 23, 29, 35]})
         print(df_obj)
            a   b   c   d   e   f
         0  0   1   2   3   4   5
         1  6   7   8   9  10  11
         2 12  13  14  15  16  17
         3 18  19  20  21  22  23
         4 24  25  26  27  28  29
         5 30  31  32  33  34  35
In  []:  # 根据列表对df_obj进行分组，列表中相同元素对应的行会归为一组
         groupby_obj = df_obj.groupby(by=['A', 'A', 'B', 'B', 'A', 'B'])
         # 定义求极差的函数
         def my_range(arr):
             return arr.max()-arr.min()
In  []:  groupby_obj.agg(my_range)   # 使用agg()方法聚合分组数据
Out []:       a   b   c   d   e   f
         key
         A   24  24  24  24  24  24
         B   18  18  18  18  18  18
```

观察两个输出结果可知，df_obj 对象经过分组、聚合后生成一组新数据，新数据中的索引对应列表的唯一元素，数据均为各分组中每列数据的极差值。

此外，还可以对 df_obj 对象的不同列数据应用不同的函数，以聚合指定列的数据。这里只需要在使用 agg() 方法时传入一个形如 {' 列索引 ':' 函数 / 方法名 '} 的字典，代码如下。

```
In  []:  # 使用agg()方法聚合分组中指定列的数据
         groupby_obj.agg({'a':'max', 'c':'sum', 'e': my_range})
Out []:       a   c   e
         key
         A   24  36  24
         B   30  66  18
```

从输出结果可以看出，聚合后的数据只有 3 列，且每列都根据指定的函数或方法计算结果。

（3）使用 transform() 方法聚合数据。

前面通过 agg() 方法聚合后生成的新数据与原数据的结构相差很大，如果希望聚合前、后的数据保持相同的结构，那么可以使用 transform() 方法来聚合分组数据。transform() 方法可以保留原数据的结构，把聚合的结果广播到分组的所有位置，该方法的语法格式如下。

```
transform(func, *args, engine=None, engine_kwargs=None, **kwargs)
```

transform() 方法中常用参数的含义如下。

- func：表示应用于各分组的函数或方法。

- *args：表示传递给 func 的位置参数。
- engine：表示引擎。该参数有 3 个取值，分别为 'cython'、'numba'、None，其中 'cython' 代表通过 Cython 的 C 语言扩展来运行函数或方法；'numba' 代表通过 Numba 的即时（Just In Time，JIT）编译来运行函数或方法。

下面使用 transform() 方法聚合 groupby_obj 对象的数据，使用 max() 函数求各列数据的最大值，代码如下。

```
In  []:   # 使用transform()方法聚合分组数据
          print(groupby_obj.transform('max'))
              a   b   c   d   e   f
          0  24  25  26  27  28  29
          1  24  25  26  27  28  29
          2  30  31  32  33  34  35
          3  30  31  32  33  34  35
          4  24  25  26  27  28  29
          5  30  31  32  33  34  35
```

从输出结果可以看出，聚合后的数据与原数据具有相同的结构，都是 6 行 6 列，且同一分组对应的每列数据都是相同的。

（4）使用 apply() 方法聚合数据。

与前几种聚合方式相比，使用 apply() 方法聚合数据的操作更灵活，它可以代替 agg() 方法和 transform() 方法完成基本的聚合操作，也可以解决一些特殊聚合操作。

假设现在有一个需求：将 groupby_obj 对象中的每个数据变为该数据除以 100 后的结果。此时要满足这个需求，需要先自定义一个求某数据除以 100 后所得结果的函数，再利用 apply() 方法将该函数应用到各分组，代码如下。

```
In  []:   # 自定义函数，用于计算每个数据除以100的结果
          def div_hun(df):
              return df.iloc[:, :] / 100
          print(groupby_obj.apply(div_hun))
                a     b     c     d     e     f
          0  0.00  0.01  0.02  0.03  0.04  0.05
          1  0.06  0.07  0.08  0.09  0.10  0.11
          2  0.12  0.13  0.14  0.15  0.16  0.17
          3  0.18  0.19  0.20  0.21  0.22  0.23
          4  0.24  0.25  0.26  0.27  0.28  0.29
          5  0.30  0.31  0.32  0.33  0.34  0.35
```

6.2.4 哑变量处理

在数据分析或数据挖掘中，一些算法模型要求输入以数值类型表示的特征，但代表特征的数据不一定都是数值类型的，其中一部分是类别类型的。例如，受教育程度表示方式有本科生、硕士研究生、博士研究生等类别，这些类别均为非数值类型的数据。为了将类别类型的数据转换为数值类型的数据，类别类型的数据在被应用之前需要经过“量化”处理，使之转换为哑变量。

哑变量又称虚拟变量、名义变量等，它是人为虚设的变量，用来反映某个变量的不同类别，常用的取值为0和1。需要说明的是，0和1并不代表数量的多少，而代表不同的类别。

假设变量“职业”有司机、学生、导游、工人、教师共5个类别，这5个类别分别有0和1两种取值，0代表非此种类别，1代表此种类别，通过哑变量处理前、后的对比效果如图6-6所示。

哑变量处理前

	职业
0	工人
1	学生
2	司机
3	教师
4	导游

（a）

哑变量处理后

	col_司机	col_学生	col_导游	col_工人	col_教师
0	0	0	0	1	0
1	0	1	0	0	0
2	1	0	0	0	0
3	0	0	0	0	1
4	0	0	1	0	0

（b）

图6-6　哑变量处理前、后的对比效果

在图6-6中，哑变量处理前的数据里面有5个类别，即工人、学生、司机、教师和导游，它经过处理后变换成一个5行5列、包含哑变量的矩阵，矩阵的列索引依次对应着一个类别。由图6-6可知，凡是与列索引对应此类别的值均为1，未对应此类别的值均为0。

pandas中使用get_dummies()函数对类别数据进行哑变量处理，该函数在处理后返回一个哑变量矩阵。get_dummies()函数的语法格式如下。

```
get_dummies(data, prefix=None, prefix_sep='_', dummy_na=False,
  columns=None, sparse=False, drop_first=False, dtype=None)
```

get_dummies()函数中常用参数的含义如下。

- data：表示待处理的类别数据，可以是数组、DataFrame类对象或Series类对象。
- prefix：表示列索引名称的前缀，默认为None。
- prefix_sep：表示附加前缀的分隔符，默认为'_'。
- dummy_na：表示是否为NaN添加一列，默认为False。
- columns：表示哑变量处理的列索引名称，默认为None。
- sparse：表示哑变量是否稀疏，默认为False。
- drop_first：表示是否从k个分类级别中删除第一个级别，以获得k−1个分类级别，默认为False。

为加深大家对get_dummies()函数的理解，接下来，通过一个示例来演示如何使用get_dummies()函数实现哑变量处理。创建一个图6-6(a)所示的对象，并使用get_dummies()函数实现哑变量处理，使该对象转换成图6-6(b)所示的对象，代码如下。

```
In  []:   import pandas as pd
          position_df = pd.DataFrame({'职业': ['工人', '学生', '司机', '教师', '导游']})
          # 哑变量处理，并给哑变量添加前缀
          result = pd.get_dummies(position_df, prefix=['col'])
          print(result)
```

```
   col_司机  col_学生  col_导游  col_工人  col_教师
0     0       0       0       1       0
1     0       1       0       0       0
2     1       0       0       0       0
3     0       0       0       0       1
4     0       0       1       0       0
```

以上代码创建了一个包含 5 个类别的 Series 类对象 position_df，然后通过 get_dummies() 函数实现了哑变量处理。从输出结果可以看出，程序返回了一个 5 行 5 列的哑变量矩阵，该矩阵中每个列索引对应一个类别，且每个列索引名称增加了“col”前缀，列索引名称与前缀之间以“_”分隔。

多学一招：独热编码

独热编码 (One-Hot Encoding) 又称一位有效编码，它通过 N 位状态寄存器来对 N 个状态进行编码，每个状态都有它独立的寄存器位，且在任何时候只能有一个状态是有效的。有效状态的值为 1，其余状态的值为 0。

例如，地区特征有“北京”“上海”“深圳” 3 个值，即有 3 个状态值，此时 N 为 3，每个地区特征对应的独热编码如下。

```
"北京" => 100
"上海" => 010
"深圳" => 001
```

6.2.5 面元划分

面元划分是指数据被离散化处理，按一定的映射关系划分为相应的面元（可以理解为区间），只适用于连续数据。连续数据又称连续变量，指在一定区间内可以任意取值的数据，该类型数据的特点是数值连续不断，相邻两个数值可进行无限分割。

例如，某电商平台统计了一组关于客户年龄的数据，该组数据经过面元划分前、后的对比效果如图 6-7 所示。

面元划分前

	age
0	19
1	21
2	25
3	55
4	30
5	45
6	52
7	46
8	20

（a）

面元划分后

	age
0	(18, 30]
1	(18, 30]
2	(18, 30]
3	(50, 100]
4	(18, 30]
5	(40, 50]
6	(50, 100]
7	(40, 50]
8	(18, 30]

（b）

图 6-7　面元划分前、后的对比效果

图 6-7（a）中的每个数值对应着图 6-7（b）中的一个面元。由图 6-7 可知，整组数据被

划分为指定（可以根据需求任意设置）的若干个面元——(18,30]、(40,50]、(50,100]，凡是大于18且小于或等于30的数值对应面元(18,30]；凡是大于40且小于或等于50的数值对应面元(40,50]；凡是大于50且小于或等于100的数值对应面元(50,100]。

pandas中使用cut()函数实现面元划分操作。cut()函数会采用等宽法对连续数据进行离散化处理，该函数的语法格式如下。

```
cut(x, bins, right=True, labels=None, retbins=False, precision=3,
     include_lowest=False, duplicates='raise', ordered=True)
```

cut()函数中常用参数的含义如下。

- x：表示面元划分的连续数据，取值可以为一维数组或Series类对象。
- bins：表示划分面元的依据。若为int类型的值，则代表面元的数目；若为list、tuple、array类型的值，则代表划分的区间，每两个值的间隔为一个区间。
- right：表示右端点是否为闭区间，默认为True。
- labels：表示划分的各区间的标签。
- retbins：表示是否返回区间的标签。
- precision：表示区间标签的精度，默认为3。
- include_lowest：表示是否包含区间的左端点，默认为False。

cut()函数会返回一个Categorical类对象，该对象可以被看作一个包含若干个面元名称的数组，通过categories属性可以获取所有的分类，即每个数据对应的面元。

为帮助大家更好地理解cut()函数的使用，接下来，通过一个示例来演示如何使用cut()函数实现面元划分操作。创建一个图6-7（a）所示的Series类对象，根据图6-7（b）中的划分依据实现面元划分操作，代码如下。

```
In  []:   import pandas as pd
          ages = pd.Series([19, 21, 25, 55, 30, 45, 52, 46, 20])
          bins = [0, 18, 30, 40, 50, 100]
          # 使用cut()函数划分年龄区间
          cuts = pd.cut(ages, bins)
          print(cuts)
          0     (18, 30]
          1     (18, 30]
          2     (18, 30]
          3    (50, 100]
          4     (18, 30]
          5     (40, 50]
          6    (50, 100]
          7     (40, 50]
          8     (18, 30]
          dtype: category
          Categories (5, interval[int64]): [(0, 18] < (18, 30] < (30, 40] < (40, 50] <
          (50, 100]]
```

从输出结果可以看出，程序输出了一个包含所有面元的Series类对象，以及一个

Categorical 类对象。

6.3 数据规约

6.3.1 数据规约概述

对中型或小型的数据集而言，利用前面学习的预处理方式已经足以应对，但这些方式并不适合大型数据集。由于大型数据集一般存在数量庞大、属性多且冗余、结构复杂等特点，直接用于数据分析或数据挖掘可能会耗费大量的时间，此时便需要用到数据规约技术。

数据规约类似数据集的压缩，它的作用主要是从原有数据集中获得一个精简的数据集，这样可以在降低数据规模的基础上，保留原有数据集的完整特性。在使用精简的数据集进行数据分析或数据挖掘时，不仅可以提高工作效率，还可以保证数据分析或数据挖掘的结果与使用原有数据集获得的结果基本相同。

要完成数据规约这一过程，可采用多种手段，包括维度规约、数量规约和数据压缩，关于这 3 种手段的介绍如下。

1. 维度规约

维度规约是指减少所需属性的数目。数据集中可能包含成千上万个属性，其中绝大部分属性与数据分析或数据挖掘目标无关，这些无关的属性可直接被删除，以缩小数据集的规模，这一操作就是维度规约。

维度规约的主要手段是属性子集选择。属性子集选择通过删除不相关或冗余的属性，从原有数据集中选出一个有代表性的样本子集，使样本子集的分布尽可能地接近所有数据集的分布。

2. 数量规约

数量规约是指用较小规模的数据替换或估计原数据，主要包括回归与线性对数模型、直方图、聚类、采样和数据立方体这几种方法，其中直方图是一种流行的数量规约方法，它会将给定属性的数据分布划分为不相交的子集或桶（给定属性的一个连续区间）。

为加深大家对直方图的理解，下面结合一个实例来说明如何使用直方图实现数量规约。已知商场某饰品店铺的价格清单（按从低到高的顺序排列）如下。

```
1、1、5、5、5、5、5、8、8、10、10、10、10、12、14、14、14、15、15、15、15、15、18、18、18、18、
18、18、20、20、20、21、21、21、21、25、25、25、25、25、28、30、30、30
```

观察以上数据可知，价格的值域是 1~30，可以将其划分成 1~10、11~20 和 21~30 共 3 个等长且不相交的价格区间。绘制一个包含 3 个价格区间的直方图，如图 6-8 所示。

除了直方图之外，采样也是一种常用的数量规约方法。采样是通过选取随机样本以实现用小数据代表大数据的方式，主要包括简单随机采样、聚类采样、分层采样等几种方法，其中简单随机采样又分为无放回简单随机采样和有放回简单随机采样，都是从原有数据集的若干个元组中抽取部分样本；聚类采样会先将原有数据集划分成若干个不相交的类，再从这些类的数据中抽取部分样本；分层采样会将原有数据集划分为若干个不相交的层，再从每层中随机抽取部分样本。

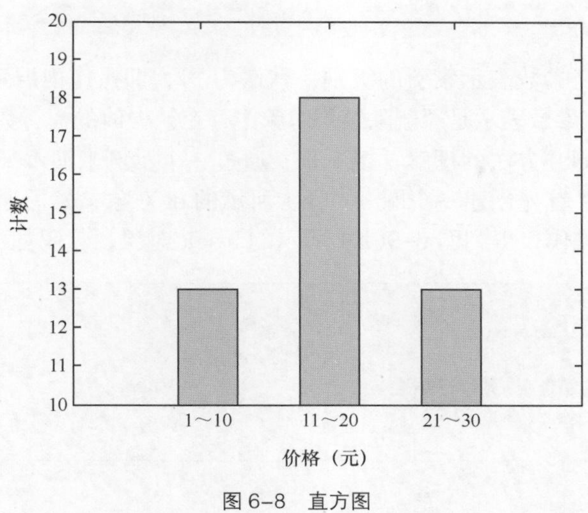

图 6-8　直方图

3. 数据压缩

数据压缩是利用编码或转换将原有数据集压缩为一个较小规模的数据集。若原有数据集能够从压缩后的数据集中重构，且不损失任何信息，则该数据压缩是无损压缩；若原有数据集只能够从压缩后的数据集中近似重构，则该数据压缩是有损压缩。在进行数据挖掘时，数据压缩通常采用两种有损压缩方法，分别是小波转换和主成分分析，这两种方法都会把原有数据变换或投影到较小的空间。

pandas 中提供了一些实现数据规约的操作，包括重塑分层索引（见 6.3.2 小节）和降采样（见 6.3.3 小节），其中重塑分层索引是一种基于维度规约的操作，降采样是一种基于数量规约的操作，这些操作都会在后面的小节展开介绍。

6.3.2　重塑分层索引

重塑分层索引是 pandas 中简单的维度规约操作，该操作主要会将 DataFrame 类对象的列索引转换为行索引，从而生成一个具有分层索引的结果对象。例如，现有一个只有单层索引的对象 df，该对象重塑前、后的对比效果如图 6-9 所示。

重塑前
df

	A	B
0	A0	B0
1	A1	B1
2	A2	B2

（a）

重塑后
result

0	A	A0
	B	B0
1	A	A1
	B	B1
2	A	A2
	B	B2

（b）

图 6-9　重塑前、后的对比效果

由图 6-9 可知，df 起初是一个只有单层索引的二维数据，其经过重塑分层索引操作之后，生成了一个有两层索引结构的 result 对象。

pandas 中可以使用 stack() 方法实现重塑分层索引操作。stack() 方法的语法格式如下。

```
stack(level=- 1, dropna=True)
```

stack() 方法的 level 参数表示索引的级别，默认为 -1，即操作内层索引，若设为 0，则会操作外层索引；dropna 参数表示是否删除结果对象中存在缺失值的一行数据，默认为 True。

为加深大家对 stack() 方法的理解，接下来，通过一个示例来演示如何使用 stack() 方法实现重塑分层索引操作。首先创建一个图 6-9(a) 所示的 df 对象，然后通过 stack() 方法对该对象执行重塑分层索引操作，得到图 6-9(b) 所示的 result 对象，代码如下。

```
In  []:   import pandas as pd
          df = pd.DataFrame({'A':['A0','A1','A2'],
                             'B':['B0','B1','B2']})
          # 重塑df，使之具有两层行索引
          result = df.stack()
          result
Out  []:  0  A    A0
             B    B0
          1  A    A1
             B    B1
          2  A    A2
             B    B2
          dtype: object
```

从输出结果可以看出，result 对象是一个具有两层行索引的 Series 类对象。

6.3.3 降采样

降采样是一种简单的数量规约操作，它主要是将高频率采集的数据规约到低频率采集的数据。例如，从每日采集一次数据减少到每月采集一次数据，这样会增大采样的时间粒度，且在一定程度上减少数据量。

降采样常见于时间序列类型的数据。假设现有一组按日统计的包含开盘价、收盘价等信息的模拟股票数据（非真实数据），对该组数据进行降采样操作，即按 7 天统计一次股票数据。降采样前、后的对比效果如图 6-10 所示。

降采样前

2020-06-01	46
2020-06-02	45
2020-06-03	47
2020-06-04	40
2020-06-05	57
2020-06-06	53
2020-06-07	42
…	…
2020-06-29	46
2020-06-30	45

（a）

降采样后

2020-06-01	47
2020-06-08	49
2020-06-15	52
2020-06-22	50
2020-06-29	45

（b）

图 6-10　降采样前、后的对比效果

图 6-10(a）所示为按日采集的一个月的数据，图 6-10(b）所示为按 7 天采集一次的一个月的数据，且每个数据对应图 6-10(a）中相同周期内数据的平均值。

pandas 中可以使用 resample() 方法实现降采样操作。resample() 方法的语法格式如下。

```
resample(rule, axis=0, closed=None, label=None, convention='start',
    kind=None, loffset=None, base=None, on=None, level=None,
    origin='start_day', offset=None)
```

resample() 方法中部分参数的含义如下。

- rule：表示降采样的频率。
- axis：表示沿哪个轴完成降采样操作，取值可以为 0 / 'index' 或 1 /'columns'，默认值为 0。
- closed：表示各时间段的哪一端是闭合的，取值可以为 'right'、'left' 或 None。
- label：表示降采样时设置的聚合结果的标签。

接下来，通过一个示例来演示如何使用 resample() 方法实现图 6-10 所示的降采样操作，代码如下。

```
In  []:   import numpy as np
          import pandas as pd
          time_ser = pd.date_range('2020/06/01', periods=30)
          stock_data = np.random.randint(40, 60, size=30)
          time_obj = pd.Series(stock_data, index=time_ser)
          print(time_obj)
          2020-06-01    46
          2020-06-02    45
          2020-06-03    47
          2020-06-04    40
          2020-06-05    57
          2020-06-06    53
          2020-06-07    42
          ...
          2020-06-29    46
          2020-06-30    45
          Freq: D, dtype: int32
In  []:   # 每7天采集一次数据，实现降采样操作
          result = time_obj.resample('7D').mean()
          result.astype("int64")
Out []:   2020-06-01    47
          2020-06-08    49
          2020-06-15    52
          2020-06-22    50
          2020-06-29    45
          Freq: 7D, dtype: int64
```

观察两个输出结果可知，第 2 组数据比第 1 组数据更精简，其内部的每个数值均是根据第一组相同周期内的数据求得的平均值。

6.4 案例——中国篮球运动员的基本信息分析

为了能够让大家更好地掌握数据预处理的相关操作，本节将运用前文讲过的 pandas 中数据清理、数据集成、数据变换、数据规约的相关知识，对一组运动员基本信息的数据进行处理，包括删除重复值、填充缺失值、确认异常值、分组与聚合、轴向旋转、降采样等，以达到清理数据、整合数据、减少数据量、变换数据形式的目的。

【分析目标】

结合前面所学的数据预处理技术处理运动员基本信息的数据，并实现以下 3 个目标。

（1）计算中国男篮、女篮运动员的平均身高与平均体重。

（2）分析中国篮球运动员的年龄分布。

（3）计算中国篮球运动员的体质指数。

【数据获取】

在了解了分析目标之后，我们需要先获取案例的数据，对整体数据进行探索。运动员基本信息的数据分别保存在“运动员信息采集 01.csv”和“运动员信息采集 02.xlsx”文件中，使用 Excel 打开这两个文件后，文件的具体内容（部分）分别如图 6-11 和图 6-12 所示。

	A	B	C	D	E	F	G	H	I
1	中文名	外文名	性别	国籍	出生日期	身高	体重	项目	省份
2	安-弗雷泽	Shelly-Ann Fraser-Pryce	女	牙买加	1986年11月27日	160厘米	52kg	田径	
3	安吉尔·麦克康特利	Angel McCoughtry	女	美国	1986年9月10日	185cm	73kg	篮球	
4	毕晓琳	Bi Xiaolin	女	中国	1989年9月18日			足球	辽宁
5	阿莱克斯·加西亚	Alex Garcia	男	巴西	1980年3月4日	191厘米	89kg	篮球	
6	保罗·乔治	Paul George	男	美国	1990年5月2日	203厘米	95kg	篮球	
7	米西·富兰克林	Missy Franklin	女	美国	1995年5月10日	1.88米	75kg	游泳	
8	李胜珍	Li Shengzhen	女	韩国	1985年3月7日	165 厘米	60kg	射箭	
9	马龙	Ma Long	男	中国	1988年10月20日	175cm	72kg	乒乓球	辽宁
10	拉尔斯-本德	Lars Bender	男	德国	1989年4月27日	184cm	77kg	男子足球	
11	木村纱织	Saori Kimura	女	日本	1986年8月19日	185厘米	65kg	排球	

运动员信息采集01

图 6-11 “运动员信息采集 01.csv”文件

	A	B	C	D	E	F	G	H	I
1	中文名	外文名	性别	国籍	出生日期	身高	体重	项目	省份
2	阿尔法拉克·阿米奴	Al-Farouq Aminu	男	尼日利亚	1990年9月21日	206厘米	98kg	篮球	
3	安德森·瓦莱乔	Anderson Varejao	男	巴西	1982年9月28日	211厘米	118kg	篮球	
4	博涅娃	BONEVA Antoaneta	女	保加利亚	1986年1月17日			射击	
5	阿隆·贝内斯	Aron Baynes	男	澳大利亚	1986年12月9日	208厘米	118kg	篮球	
6	埃米莉·西博姆	Emily Jane Seebohm	女	澳大利亚	1992年6月5日	1.80米	64kg	游泳	
7	巴哈尔·卡格拉尔	Bahar Caglar	女	土耳其	1988年9月28日	191厘米	76kg	篮球	
8	安德烈斯·诺西奥尼	Andres Nocioni	男	阿根廷	1979年11月30日	201厘米	102kg	篮球	
9	安迪·穆雷	Andy Murray	男	英国	1987年5月15日	191厘米	81kg	网球	
10	波尔	Timo Boll	男	德国	1981年3月8日	178cm	65kg	乒乓球	
11	艾克内·伊贝克维	Ekene Ibekwe	男	尼日利亚	1985年7月19日	206厘米	100kg	篮球	

Sheet1 Sheet2 Sheet3

图 6-12 “运动员信息采集 02.xlsx”文件

观察图 6-11 和图 6-12 可知，两张表格中的列索引完全一致，没有出现列索引冲突现象。

接下来，使用 pandas 中的读取函数依次获取上面两个文件中的数据，并采用主键合并、外连接的方式合并两组数据，代码如下。

```
In  []:  import numpy as np
         import pandas as pd
         file_one = pd.read_csv('file:运动员信息采集01.csv', encoding='gbk')
         file_two = pd.read_excel('file:运动员信息采集02.xlsx', encoding='utf-8')
         # 采用外连接的方式合并数据
         all_data = pd.merge(left=file_one,right=file_two, how='outer')
         # 筛选出国籍为中国的运动员
         all_data = all_data[all_data['国籍'] == '中国']
         # 查看DataFrame类对象的摘要，包括索引、各列数据类型、非空值数量、内存使用情况等
         all_data.info()
         <class 'pandas.core.frame.DataFrame'>
         Int64Index: 361 entries, 2 to 548
         Data columns (total 9 columns):
          #   Column  Non-Null Count  Dtype
         ---  ------  --------------  -----
          0   中文名     361 non-null    object
          1   外文名     361 non-null    object
          2   性别      361 non-null    object
          3   国籍      361 non-null    object
          4   出生日期    295 non-null    object
          5   身高      215 non-null    object
          6   体重      201 non-null    object
          7   项目      360 non-null    object
          8   省份      350 non-null    object
         dtypes: object(9)
         memory usage: 28.2+ KB
```

以上代码从指定的两个本地文件中读取了数据，将数据转换成一个 DataFrame 类对象后返回，并输出了该对象的摘要信息：索引、各列数据的类型、非空值数量、内存使用情况等。观察输出结果可知，数据中后 5 列的非空值数量不等，说明可能存在缺失值、重复值等；所有列的数据类型均为 object 类型，因此后续需要先对部分列进行数据类型转换操作，之后才能计算要求的统计指标。

【数据清理】

在对数据进行分析之前，我们需要先解决前面发现的数据问题，包括检测与处理重复值、处理缺失值、检测与处理异常值，从而为后期的分析工作提供高质量的数据。接下来，分别为大家介绍如何根据实际情况对数据进行检测与处理重复值、处理缺失值、检测与处理异常值这几个操作。

1. 检测与处理重复值

使用 duplicated() 方法检测原数据中是否存在重复值，并使用 values 属性访问该方法返回结果为 True 的数据，代码如下。

```
In  []:  # 检测all_data中是否有重复值
         all_data[all_data.duplicated().values==True]
```

```
Out [ ]:        中文名    外文名      性别  国籍  出生日期        身高     体重    项目  省份
        44  莫有雪   Mo Youxue      男   中国  1988年2月16日  179cm    65kg    田径  广东
        56  宁泽涛   Ning Zetao     男   中国  1993年3月6日   191cm    76-80kg 游泳  河南
        73  彭林     Peng Lin       女   中国  1995年4月4日   184厘米  72kg    排球  湖南
        122 孙梦昕   Sun Meng Xin   女   中国  1993年         190厘米  77kg    篮球  山东
        291 周琦     Zhou Qi        男   中国  1996年1月16日  217厘米  95kg    篮球  河南
```

从输出结果可以看出，数据中总共有 5 个重复值。

使用 drop_duplicates() 方法删除原数据中的重复值，并重新为每行数据设置索引，代码如下。

```
In [ ]:  # 删除all_data中的重复值，并重新为每行数据设置索引
         all_data = all_data.drop_duplicates(ignore_index=True)
         all_data.head(10)
Out [ ]:    中文名    外文名       性别  国籍  出生日期        身高     体重    项目        省份
         0  毕晓琳   Bi Xiaolin    女   中国  1989年9月18日  NaN      NaN     足球        辽宁
         1  马龙     Ma Long       男   中国  1988年10月20日 175cm    72kg    乒乓球      辽宁
         2  吕小军   Lv Xiaojun    男   中国  1984年7月27日  172厘米  77kg    举重        湖北
         3  林希妤   Lin Xiyu      女   中国  1996年2月25日  NaN      NaN     高尔夫      广东
         4  李昊桐   Li Haotong    男   中国  1995年8月3日   183厘米  75kg    高尔夫      湖南
         5  毛艺     Mao Yi        女   中国  1999年9月      NaN      NaN     体操        辽宁
         6  苗甜     Miao Tian     女   中国  NaN            NaN      NaN     苗甜        北京
         7  马晓旭   MA Xiaoxu     女   中国  1988年6月5日   NaN      NaN     足球        辽宁
         8  马英楠   Ma Ying Nan   女   中国  NaN            NaN      NaN     柔道        辽宁
         9  马青     Ma Qing       女   中国  1992年8月24日  NaN      NaN     皮划艇静水  山东
```

2. 处理缺失值

通过前面输出的原数据可知，整组数据中只有后面 5 列存在缺失值，其中，“身高”一列包含以“cm”和“厘米”为单位的数据，存在数据形式不统一的问题。由于所有列的数据类型均为 object，这里需要根据实际值对数据进行相应类型的转换。不同列的数据应采用不同的方式进行处理。下面逐一为大家介绍如何处理每列数据的缺失值。

（1）处理“出生日期”一列的缺失值。

由于本案例只需要了解中国篮球运动员的年龄分布，这里只需要从原数据中筛选项目为篮球的数据，具体代码如下。

```
In [ ]:  # 筛选出项目为篮球的数据
         basketball_data= all_data[all_data['项目'] == '篮球']
         # 访问"出生日期"一列的数据
         basketball_data['出生日期']
Out [ ]: 34     1989年12月10日
         60         1992年7月
         61           1993年
         67      1992年6月25日
         89        1990年4月
         ...
         285          32599
         307          33757
```

```
316         31868
352         32964
Name: 出生日期, dtype: object
```

从输出结果可以看出，“出生日期”一列中没有缺失值，但包含“× 年 × 月”“× 年 × 月 × 日”“× 年”“×”（与1900年1月1日相差的天数）这几种形式的数据。

为保证“出生日期”一列数据的一致性，这里统一将数据修改为以“× 年”形式显示的数据，代码如下。

```
In  []:  import datetime
         basketball_data = basketball_data.copy()
         # 将以"×"显示的日期转换成以"×年×月×日"形式显示的日期
         initial_time = datetime.datetime.strptime('1900-01-01', "%Y-%m-%d")
         for i in basketball_data.loc[:, '出生日期']:
             if type(i) == int:
                 new_time = (initial_time + datetime.timedelta(
         days=i)).strftime('%Y{y}%m{m}%d{d}').format(
         y='年', m='月', d='日')
                 basketball_data.loc[:, '出生日期'] = basketball_data.loc[:,
         '出生日期'].replace(i, new_time)
         # 为保证出生日期的一致性，这里统一使用只保留到年份的日期
         basketball_data.loc[:, '出生日期'] = basketball_data['出生日期'].apply(
         lambda x:x[:5])
         basketball_data['出生日期'].head(10)
Out []:  0    1992年
         1    1994年
         2    1987年
         3    1989年
         4    1996年
         5    1993年
         6    1995年
         7    1996年
         8    1993年
         9    1993年
         Name: 出生日期, dtype: object
```

从输出结果可以看出，“出生日期”一列的数据形成了统一的形式。

（2）处理“身高”一列的缺失值。

“身高”一列存在多个缺失值，因为男篮运动员与女篮运动员的体质不同，所以这里以“性别”一列区分数据。首先计算男篮运动员的平均身高，使用该平均身高替换缺失值，代码如下。

```
In  []:  # 筛选男篮运动员数据
         male_data = basketball_data[basketball_data['性别'].apply(
                                                  lambda x :x =='男')]
         male_data = male_data.copy()
         # 计算身高平均值（四舍五入取整）
         male_height = male_data['身高'].dropna()
         fill_male_height = round(male_height.apply(lambda x : x[0:-2]).astype(int).mean())
```

```
fill_male_height = str(int(fill_male_height)) + '厘米'
# 填充缺失值
male_data.loc[:, '身高'] = male_data.loc[:,
'身高'].fillna(fill_male_height)
# 为方便后期使用，这里将身高数据转换为整数
male_data.loc[:, '身高'] = male_data.loc[:, '身高'].apply(
lambda x: x[0:-2]).astype(int)
# 重命名列标签索引
male_data.rename(columns={'身高':'身高/cm'}, inplace=True)
male_data
```

Out []:

	中文名	外文名	性别	国籍	出生日期	身高/cm	体重	项目	省份
67	睢冉	Sui Ran	男	中国	1992年	192	95kg	篮球	山西
100	王哲林	Wang Zhelin	男	中国	1994年	214	110kg	篮球	福建
161	易建联	Yi Jianlian	男	中国	1987年	213	113kg	篮球	广东
182	周鹏	Zhou Peng	男	中国	1989年	206	90kg	篮球	辽宁
192	周琦	Zhou Qi	男	中国	1996年	217	95kg	篮球	河南
211	翟晓川	Zhai Xiaochuan	男	中国	1993年	204	100kg	篮球	河北
213	赵继伟	Zhao Jiwei	男	中国	1995年	185	77kg	篮球	辽宁
214	邹雨宸	Zou yuchen	男	中国	1996年	208	108kg	篮球	辽宁
244	丁彦雨航	Di Yanyuhang	男	中国	1993年	200	91kg	篮球	新疆
276	郭艾伦	Guo Ailun	男	中国	1993年	192	85kg	篮球	辽宁
307	李慕豪	Li Muhao	男	中国	1992年	203	111kg	篮球	贵州

然后计算女篮运动员的平均身高，使用该平均身高替换缺失值，代码如下。

In []:

```
# 筛选女篮运动员数据
female_data = basketball_data[basketball_data['性别'].apply(
                                   lambda x :x =='女')]
female_data = female_data.copy()
data = {'191cm':'191厘米','1米89公分':'189厘米','2.01米':'201厘米',
        '187公分':'187厘米','1.97M':'197厘米','1.98米':'198厘米',
        '192cm':'192厘米'}
female_data.loc[:, '身高'] = female_data.loc[:, '身高'].replace(data)
# 计算女篮运动员平均身高
female_height = female_data['身高'].dropna()
fill_female_height = round(female_height.apply(
        lambda x : x[0:-2]).astype(int).mean())
fill_female_height =str(int(fill_female_height)) + '厘米'
# 填充缺失值
female_data.loc[:, '身高'] = female_data.loc[:,
                              '身高'].fillna(fill_female_height)
# 为方便后期使用，这里将身高数据转换为整数
female_data['身高'] = female_data['身高'].apply(
                        lambda x : x[0:-2]).astype(int)
# 重命名列标签索引
female_data.rename(columns={'身高':'身高/cm'}, inplace=True)
female_data
```

```
Out []:        中文名          外文名   性别  国籍   出生日期  身高/cm    体重  项目       省份
         34    邵婷     Shao Ting        女   中国   1989年   188   75kg  篮球  上海
         60    孙梦然   Sun Meng Ran     女   中国   1992年   197   77kg  篮球  天津
         61    孙梦昕   Sun Meng Xin     女   中国   1993年   190   77kg  篮球  山东
         89    吴迪          Wu Di       女   中国   1990年   186   72kg  篮球  天津
         201   赵志芳   Zhao Zhi Fang    女   中国   1994年   168    NaN  篮球  NaN
         ...   ...   ...   ...   ...   ...   ...  ...  ...  ...  ...
         253   张丽婷   Zhang Li Ting    女   中国   1994年   198   88千克  篮球 湖北
         265   高颂        Gao Song      女   中国   1992年   191   85kg  篮球  黑龙江
         285   黄红枇   Huang Hong Pi    女   中国   1989年   195   80kg  篮球  广西
         316   李珊珊    Li Shan Shan    女   中国   1987年   177   70kg  篮球  江苏
         352   露雯           Lu Wen     女   中国   1990年   191   78kg  篮球  内蒙古
```

（3）处理“体重”一列的缺失值。

观察前面两次输出的结果可知，女篮运动员数据中“体重”一列存在缺失值，且该列中行索引为253的数据与其他行数据的单位不统一。因此，这里先替换行索引为253的数据，使之与其他数据具有相同的单位，代码如下。

```
In  []:  female_data.loc[:, '体重'] = female_data.loc[:, '体重'].replace(
                                                    {'88千克': '88kg'})
         female_data
Out []:       中文名            外文名 性别 国籍 出生日期  身高/cm  体重   项目   省份
         ...   ...   ...   ...   ...   ...   ...  ...  ...  ...  ...
         251 孙梦然    Sun Meng Ran   女   中国   1992年    197    77kg   篮球    天津
         252 黄思静   Huang Si Jing   女   中国   1996年    192    8kg    篮球    广东
         253 张丽婷   Zhang Li Ting   女   中国   1994年    198    88kg   篮球   湖北
         265 高颂           Gao Song   女   中国   1992年    191    85kg   篮球   黑龙江
         285 黄红枇    Huang Hong Pi   女   中国   1989年    195    80kg   篮球   广西
         316 李珊珊     Li Shan Shan   女   中国   1987年    177    70kg   篮球    江苏
         352 露雯            Lu Wen   女   中国   1990年   191    78kg   篮球      内蒙古
```

从输出结果可知，行索引为253的体重列数据已经成功被替换了。

观察上面的数据可知，行索引为252的体重数值为8kg，这显然是与实际情况不符的。因此，这里采用向前填充的方式替换，使之拥有与上一行相同的数值，代码如下。

```
In  []:  # 采用向前填充的方式，替换体重为8kg的值
         female_data['体重'].replace(to_replace='8kg',
             method='pad',inplace=True)
         female_data
Out []:       中文名            外文名 性别 国籍 出生日期  身高/cm  体重   项目   省份
         ...   ...   ...   ...   ...   ...   ...  ...  ...  ...  ...
         251 孙梦然    Sun Meng Ran   女   中国   1992年    197    77kg   篮球    天津
         252 黄思静   Huang Si Jing   女   中国   1996年    192    77kg    篮球    广东
         253 张丽婷   Zhang Li Ting   女   中国   1994年    198    88kg   篮球   湖北
         265 高颂           Gao Song   女   中国   1992年    191    85kg   篮球   黑龙江
         285 黄红枇    Huang Hong Pi   女   中国   1989年    195    80kg   篮球   广西南宁
         316 李珊珊     Li Shan Shan   女   中国   1987年    177    70kg   篮球    江苏
         352 露雯            Lu Wen   女   中国   1990年   191    78kg   篮球      内蒙古
```

由于“体重”一列中存在缺失值，且数据类型是非数值类型，这里需要先清除所有的缺失值，将数据类型转换为 int 类型后再计算平均体重，然后通过得到的平均体重填充缺失值，代码如下。

```
In  []:  # 计算女篮运动员的平均体重
         female_weight = female_data['体重'].dropna()
         female_weight = female_weight.apply(lambda x :x[0:-2]).astype(int)
         fill_female_weight = round(female_weight.mean())
         fill_female_weight = str(int(fill_female_weight)) + 'kg'
         # 填充缺失值
         female_data.loc[:,'体重'].fillna(fill_female_weight, inplace=True)
         female_data
Out []:        中文名            外文名  性别  国籍   出生日期  身高/cm    体重  项目       省份
         34    邵婷       Shao Ting   女   中国  1989年   188    75kg  篮球   上海
         60    孙梦然   Sun Meng Ran  女   中国  1992年   197    77kg  篮球   天津
         61    孙梦昕   Sun Meng Xin  女   中国  1993年   190    77kg  篮球   山东
         ...   ...   ...   ...   ...   ...   ...   ...   ...   ...   ...
         285  黄红枇   Huang Hong Pi  女   中国  1989年   195    80kg  篮球   广西
         316  李珊珊    Li Shan Shan  女   中国  1987年   177    70kg  篮球   江苏
         352  露雯        Lu Wen  女  中国  1990年   191    78kg  篮球        内蒙古
```

合并男篮运动员与女篮运动员的数据，转换“体重”一列数据为 int 类型，并将该列的索引重命名为“体重 /kg”，代码如下。

```
In  []:  basketball_data = pd.concat([male_data, female_data])
         basketball_data['体重'] = basketball_data['体重'].apply(
                                   lambda x : x[0:-2]).astype(int)
         basketball_data.rename(columns={'体重':'体重/kg'}, inplace=True)
         basketball_data.head(5)
Out []:        中文名      外文名        性别  国籍 出生日期 身高/cm 体重/kg 项目 省份
         34    邵婷       Shao Ting   女   中国  1989年   188    75kg  篮球   上海
         60    孙梦然   Sun Meng Ran  女   中国  1992年   197    77kg  篮球   天津
         61    孙梦昕   Sun Meng Xin  女   中国  1993年   190    77kg  篮球   山东
         ...   ...   ...   ...   ...   ...   ...   ...   ...   ...   ...
         285  黄红枇   Huang Hong Pi  女   中国  1989年   195    80kg  篮球   广西
         316  李珊珊    Li Shan Shan  女   中国  1987年   177    70kg  篮球   江苏
         352  露雯        Lu Wen  女  中国  1990年   191    78kg  篮球        内蒙古
```

3. 检测与处理异常值

为提高后期计算的统计指标的准确性，需要对整组数据做异常值检测，这里通过箱形图和 3σ 原则两种方式分别检测“身高 /cm”和“体重 /kg”两列数据。

使用箱形图检测男篮运动员的身高数据，代码如下。

```
In  []:  from matplotlib import pyplot as plt
         # 设置中文显示
         plt.rcParams['font.sans-serif'] = ['SimHei']
         # 使用箱形图检测男篮运动员"身高/cm"一列是否有异常值
         male_data.boxplot(column=['身高/cm'])
         plt.show()
```

运行代码，效果如图 6-13 所示。

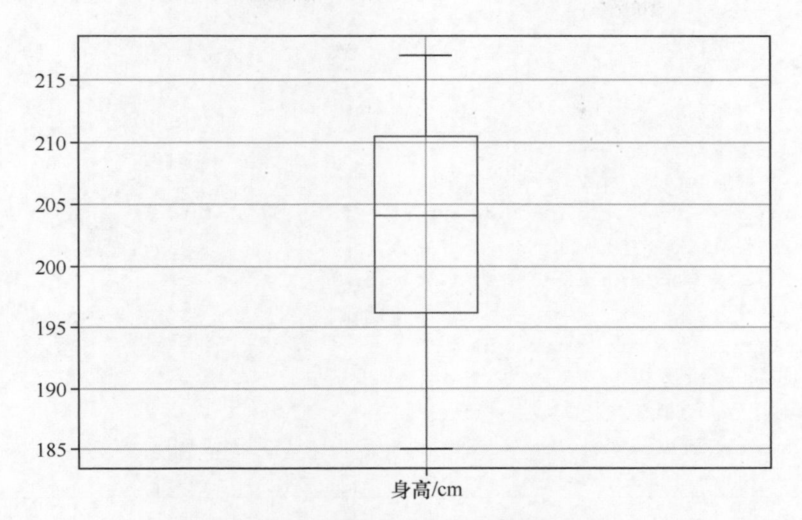

图 6-13　男篮运动员身高数据的箱形图

使用箱形图检测女篮运动员的身高数据，代码如下。

```
In  []:  # 使用箱形图检测女篮运动员"身高/cm"一列是否有异常值
         female_data.boxplot(column=['身高/cm'])
         plt.show()
```

运行代码，效果如图 6-14 所示。

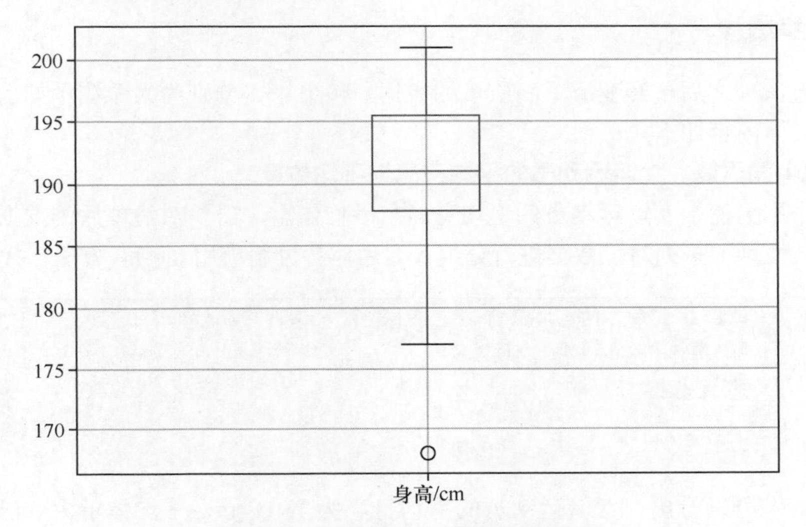

图 6-14　女篮运动员身高数据的箱形图

观察图 6-13 和图 6-14 可知，女篮运动员的身高数据中存在一个小于 170 的值，经核实后确认该值为非异常值，可直接忽略。

使用 3σ 原则分别检测男篮和女篮运动员的体重数据，代码如下。

```
In  []:  # 定义基于3σ原则检测的函数
         def three_sigma(ser):
             # 计算平均值
             mean_data = ser.mean()
             # 计算标准差
             std_data = ser.std()
             # 数值小于μ-3σ或大于μ+3σ均为异常值
             rule = (mean_data-3*std_data>ser) | (mean_data+3*std_data<ser)
             # 返回异常值的位置索引
             index = np.arange(ser.shape[0])[rule]
             # 获取异常值
             outliers = ser.iloc[index]
         return outliers
         # 使用3σ原则检测女篮运动员的体重数据
         female_weight = basketball_data[basketball_data['性别'] == '女']
         three_sigma(female_weight['体重/kg'])
Out []:  249    103
         Name: 体重/kg, dtype: int32
In  []:  # 使用3σ原则检测男篮运动员的体重数据
         male_weight = basketball_data[basketball_data['性别'] == '男']
         three_sigma(male_weight['体重/kg'])
Out []:  Series([], Name: 体重/kg, dtype: int32)
```

从两次输出结果可知，女篮运动员的体重数据中存在一个离群值，即行索引 249 对应的值 103，经核实后确认该离群值为非异常值，可直接忽略。

【实现步骤】

数据经过清理之后已经变成了高质量的数据。接下来，分别为大家演示如何实现前面设定的目标，具体内容如下。

1. 计算中国男篮、女篮运动员的平均身高与平均体重

要计算中国男篮、女篮运动员的平均身高与平均体重，需要对清理后的数据执行分组操作，即根据“性别”一列对该数据进行分组，之后对各分组应用 mean() 方法，代码如下。

```
In  []:  # 以"性别"一列分组，对各分组执行求平均值操作，并要求平均值保留一位小数
         basketball_data.groupby('性别').mean().round(1)
Out []:  性别  身高/cm  体重/kg
         女    189.8    80.1
         男    203.1    97.7
```

从输出结果可以看出，女篮运动员的平均身高为 189.8cm，平均体重为 80.1kg；男篮运动员的平均身高为 203.1cm，平均体重为 97.7kg。

2. 分析中国篮球运动员的年龄分布

通过篮球运动员数据中的出生日期，可以推导出每个篮球运动员的实际年龄。为了更直观地看到篮球运动员的年龄分布情况，这里会根据数据绘制出直方图进行展示，代码如下。

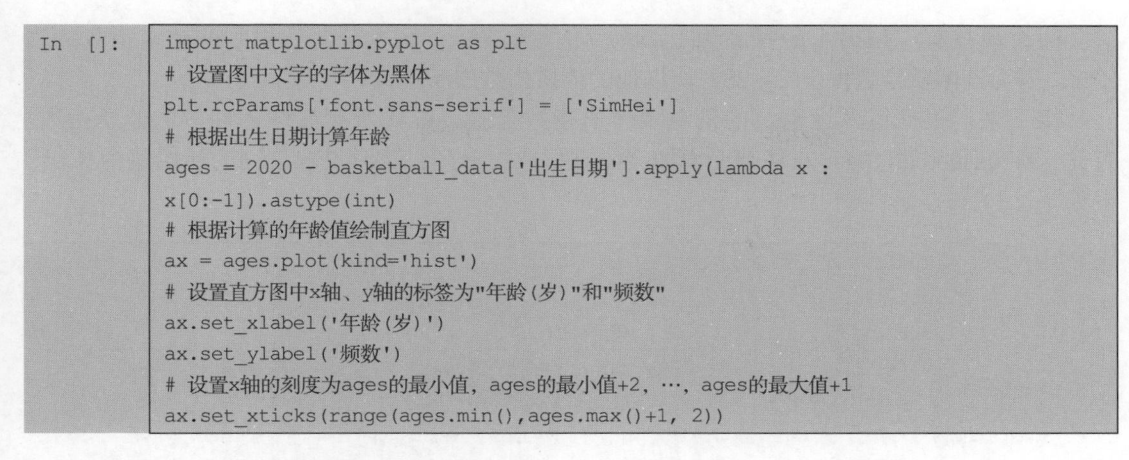

```
In  []:  import matplotlib.pyplot as plt
         # 设置图中文字的字体为黑体
         plt.rcParams['font.sans-serif'] = ['SimHei']
         # 根据出生日期计算年龄
         ages = 2020 - basketball_data['出生日期'].apply(lambda x :
         x[0:-1]).astype(int)
         # 根据计算的年龄值绘制直方图
         ax = ages.plot(kind='hist')
         # 设置直方图中x轴、y轴的标签为"年龄(岁)"和"频数"
         ax.set_xlabel('年龄(岁)')
         ax.set_ylabel('频数')
         # 设置x轴的刻度为ages的最小值，ages的最小值+2，…，ages的最大值+1
         ax.set_xticks(range(ages.min(),ages.max()+1, 2))
```

运行代码，效果如图 6-15 所示。

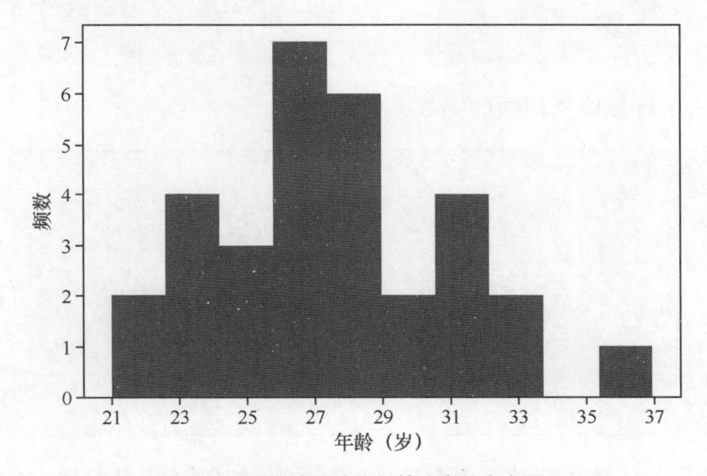

图 6-15　篮球运动员年龄分布的直方图

从图 6-15 可以看出，篮球运动员的年龄主要分布在 21~37 岁，其中年龄分布在 26~29 岁的运动员居多。

3. 计算中国篮球运动员的体质指数

体质指数（Body Mass Index，BMI）是国际上常用的度量体重与身高比例的工具，它利用体重与身高之间的比例来衡量一个人是否过瘦或过胖。体质指数的计算公式如下：

$$体质指数（BMI）= 体重（kg）\div 身高^2（m）$$

由于亚洲人和欧美人的体质存在一些差异，世界卫生组织（World Health Organization，WHO）制订了符合亚洲人的体质指数参考标准，具体如表 6-2 所示。

表 6-2　符合亚洲人的体质指数参考标准

体质指数	男性	女性
过轻	低于 20	低于 19
正常	20~25	19~24
过重	25~30	24~29
肥胖	30~35	29~34
极度肥胖	高于 35	高于 34

假设现在有一位男士的身高为 1.75m，体重为 68kg，套入公式后得到的体质指数约为 22.2，因为该体质指数位于 20~25，所以他的体质指数属于正常。

接下来，根据篮球运动员的信息及体质指数公式，统计所有篮球运动员的体质指数。首先，在 basketball_data 的基础上增加“体质指数”一列，暂时设置该列的初始值为 0，代码如下。

```
In  []:  # 增加"体质指数"一列
         basketball_data['体质指数'] = 0
         basketball_data.head(5)
Out []:        中文名        外文名   性别  国籍  出生日期  身高/cm  体重/kg  项目  省份  体质指数
         67     睢冉        Sui Ran    男    中国   1992年     192     95    篮球      山西   0
         100  王哲林  Wang Zhelin    男    中国   1994年     214    110    篮球      福建   0
         161  易建联  Yi Jianlian    男    中国   1987年     213    113    篮球      广东   0
         182    周鹏      Zhou Peng    男    中国   1989年     206     90    篮球      辽宁   0
         192    周琦        Zhou Qi    男    中国   1996年     217     95    篮球      河南   0
```

然后，定义一个计算体质指数的函数，代码如下。

```
In  []:  # 计算体质指数
         def outer(num):
             def ath_bmi(sum_bmi):
                 weight = basketball_data['体重/kg']
                 height = basketball_data['身高/cm']
                 sum_bmi =  weight / (height/100)**2
                 return num + sum_bmi
             return ath_bmi
```

最后，根据身高与体重数据计算每个篮球运动员的体质指数，并将所得的结果赋值给“体质指数”一列，代码如下。

```
In  []:  basketball_data['体质指数'] = basketball_data[['体质指数']].apply(
             outer(basketball_data['体质指数'])).round(1)
         basketball_data
Out []:       中文名        外文名      性别 国籍 出生日期 身高/cm 体重/kg 项目 省份 体质指数
         67    睢冉   Sui Ran          男 中国 1992年  192    95    篮球      山西    25.8
         100  王哲林 Wang Zhelin       男 中国 1994年  214    110   篮球      福建    24.0
         161  易建联 Yi Jianlian       男 中国 1987年  213    113   篮球      广东    24.9
         182   周鹏   Zhou Peng        男 中国 1989年  206    90    篮球      辽宁    21.2
         192   周琦   Zhou Qi          男 中国 1996年  217    95    篮球      河南    20.2
         ...  ...   ...    ... ...   ...   ... ... ... ...    ...
         253  张丽婷  Zhang Li Ting 女 中国 1994年 198 88  篮球        湖北   22.4
         265   高颂   Gao Song        女 中国 1992年 191 85  篮球        黑龙江  23.3
         285  黄红枇  Huang Hong Pi 女 中国 1989年 195 80  篮球        广西   21.0
         316  李珊珊  Li Shan Shan  女 中国 1987年 177 70  篮球        江苏   22.3
         352   露雯   Lu Wen          女 中国 1990年 191 78  篮球 内蒙古        21.4
```

由于“体质指数”一列数据量比较大，无法直接看出哪些运动员的体质指数超过标准范围，因此这里分别将女篮和男篮运动员的体质指数与正常体质指数范围进行比较，凡是体质指数超出正常体质指数范围的篮球运动员均被视为体质指数为非正常的篮球运动员，代码如下。

```
In  []:  groupby_obj = basketball_data.groupby(by="性别")
         females = dict([x for x in groupby_obj])['女']['体质指数'].values
         # 统计体质指数为非正常的女篮运动员的数量
         count = females[females < 19].size + females[females > 24].size
         print(f'体质指数小于19：{females[females < 19]}')
         print(f'体质指数大于24：{females[females > 24]}')
         print(f'非正常体质指数范围的总人数：{count}')
         体质指数小于19：[]
         体质指数大于24：[28.3 25.5]
         非正常体质指数范围的总人数：2
In  []:  males = dict([x for x in groupby_obj])['男']['体质指数'].values
         # 统计体质指数为非正常的男篮运动员的数量
         count = males[males < 20].size + males[males > 25].size
         print(f'体质指数小于20：{males[males < 20]}')
         print(f'体质指数大于25：{males[males > 25]}')
         print(f'非正常体质指数范围的总人数：{count}')
         体质指数小于20：[]
         体质指数大于25：[25.8 26.9]
         非正常体质指数范围的总人数：2
```

从两次输出结果可以看出，个别篮球运动员的体质指数过高，其余大多数篮球运动员的体质指数正常。

6.5 本章小结

本章首先讲解了数据集成的相关知识，包括数据集成概述、合并数据；然后讲解了数据变换的相关知识，包括数据变换概述、轴向旋转、分组与聚合、哑变量处理、面元划分；最后讲解了数据规约的相关知识，包括数据规约概述、重塑分层索引、降采样。通过本章的学习，希望读者能够掌握数据集成、数据变换、数据规约的相关操作，可以熟练地使用pandas库处理数据。

6.6 习题

一、填空题

1. ________主要用于统一不同数据源的矛盾之处。
2. 主键合并数据主要通过指定一个或多个________将两组数据进行连接。
3. ________是人为虚设的变量，用来反映某个变量的不同类别。

4. 降采样是将高频率采集的数据规约到________采集的数据的操作。
5. 聚合指任何能从分组数据生成________的变换过程。

二、判断题

1. 使用 pandas 只能沿着列方向来堆叠多组数据。(　　)
2. GroupBy 类对象是一个可迭代对象，它包含各分组的具体信息。(　　)
3. pandas 中无法直接使用内置统计方法来聚合各分组的数据。(　　)
4. cut() 函数会采用等频法对连续数据进行离散化处理。(　　)
5. pandas 中可以使用 stack() 方法实现重塑分层索引操作。(　　)

三、选择题

1. 下列选项中，不属于实体识别问题的常见矛盾的是（　　）。

A. 同名异义　　B. 异名同义
C. 单位不统一　　D. 元组重复

2. 下列选项中，用于沿着某一轴方向堆叠多组数据的是（　　）。

A. merge()　　B. join()
C. concat()　　D. combine_first()

3. 开发人员可使用(　　)方法聚合分组数据，使聚合后的数据与原数据具有相同的结构。

A. agg()　　B. transform()
C. apply()　　D. groupby()

4. 下列选项中，可实现降采样操作的是（　　）。

A. resample()　　B. stack()
C. cut()　　D. get_dummies()

5. 下列选项中，可实现面元划分操作的是（　　）。

A. resample()　　B. stack()
C. cut()　　D. get_dummies()

四、简答题

1. 简述分组与聚合的过程。
2. 什么是哑变量？

五、编程题

现有一张保存了学生信息的表格，具体如表 6-3 所示。

表 6-3　学生信息

序列	年级	姓名	年龄	性别	身高（cm）	体重（kg）
0	大一	李宏卓	18	男	175	65
1	大二	李思真	19	女	165	60
2	大三	张振海	20	男	178	70
3	大四	赵鸿飞	21	男	175	75
4	大二	白蓉	19	女	160	55
5	大三	马腾飞	20	男	180	70
6	大一	张晓凡	18	女	167	52
7	大三	金紫宣	20	女	170	53
8	大四	金烨	21	男	185	73

按要求操作表 6-3 中的数据，具体如下。

（1）根据表 6-3 中的数据创建一个 DataFrame 类对象。

（2）根据“年级”列分组，并输出大一年级的学生信息。

（3）输出每个年级中身高最高的学生信息。

（4）计算大一学生与大三学生的平均体重。

第 7 章

数据清理工具——OpenRefine

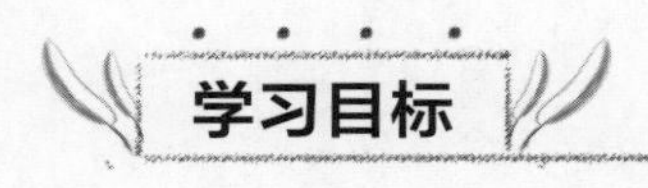

拓展阅读（7）

★了解 OpenRefine 的特点

★掌握 OpenRefine 的下载与安装

★掌握 OpenRefine 的基本操作

★掌握 OpenRefine 的进阶操作

“工欲善其事，必先利其器。”除了使用 pandas 库清理数据之外，还可以使用 OpenRefine 工具清理数据。OpenRefine 是一款免费、开源的强大数据清理工具，其目的是帮助用户在使用数据之前完成清理操作，并通过浏览器直观地展示对数据的相关操作，对编程能力薄弱的用户而言，这是一个不错的选择。本章将针对数据清理工具——OpenRefine 的基本操作和进阶操作进行介绍。

7.1 OpenRefine 介绍

OpenRefine 最初叫作 Freebase，由一家名为 Metaweb Technologies 的公司所研发。Metaweb Technologies 公司于 2010 年 7 月被 Google 公司收购，并将研发的该项产品更名为 Google Refine，2012 年 10 月 Google Refine 由 Google 公司以 OpenRefine 为名进行开源。

OpenRefine 是一款基于 Java 开发的可视化工具，用户可以在操作界面上直接对数据进行数据清理和格式转换，它支持 Windows、Linux 和 macOS 操作系统，并且提供英语、中文和日语等多种语言，可以帮助用户在缺乏专业编程技术的情况下快速地清理数据。

OpenRefine 是一个典型的交互数据转换工具（Interface Data Transformation Tools，IDTs），能够以可视化界面的形式处理数据，类似于传统的 Excel 软件，但其工作方式更像数据库处理数据列或字段，而不是处理单独的单元格。

OpenRefine 主要有以下特点。

（1）支持多种格式文件的导入。OpenRefine 不仅支持如 JSON、XML、RDF 等常见格式的文件，还可以通过添加 refine 扩展来支持更多格式的文件。

（2）支持多途径数据的导入。OpenRefine 支持从本地、指定网址、剪贴板、数据库和

Google Data 导入待清理的数据。

（3）支持数据探索与修正。OpenRefine 支持数据排序、归类、重复检测、数据填充和文本过滤等操作。

（4）支持处理大数据集。OpenRefine 可以通过修改配置文件来增加处理数据的体量。

（5）具有灵活的数据处理方式。OpenRefine 支持使用 GREL（Google Refine Expression Language）表达式和 Python 对待处理数据进行修改。

7.2 OpenRefine 的下载与安装

截至本书完稿时，OpenRefine 官网提供的 OpenRefine 最新版本为 3.3，该版本完善了对中文的支持。下面以 OpenRefine 3.3 为例，演示如何在搭载 Windows 操作系统的计算机中下载与安装 OpenRefine 工具，具体步骤如下。

（1）访问 OpenRefine 官网的下载页面，如图 7-1 所示。

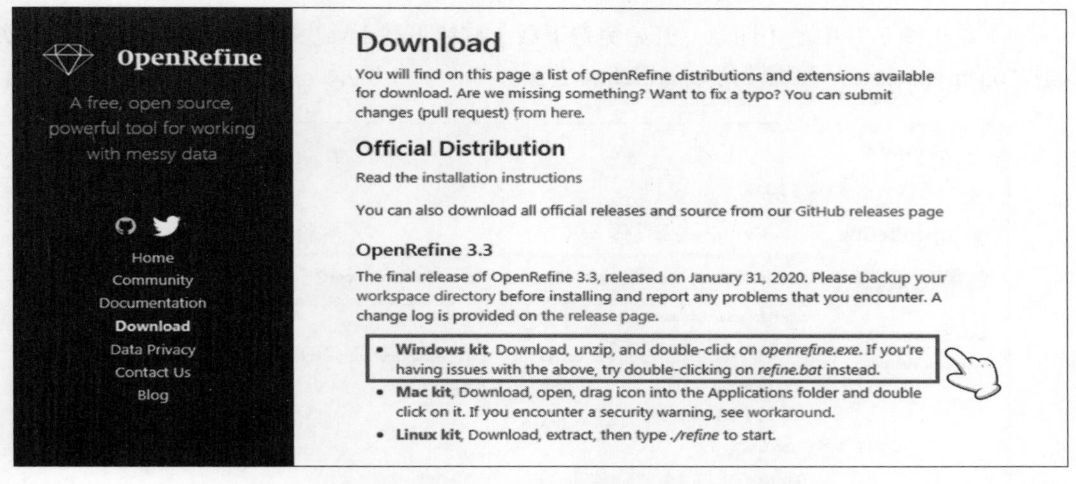

图 7-1　OpenRefine 官网的下载页面

（2）单击图 7-1 中标注的超链接“Windows kit”启动下载，下载完成后解压 openrefine-win-3.3.zip 文件，该文件中包含 OpenRefine 所需的启动文件和配置文件，如图 7-2 所示。

licenses	2020/8/31 15:24	文件夹	
server	2020/8/31 15:24	文件夹	
webapp	2020/8/31 15:24	文件夹	
LICENSE.txt	2018/11/21 16:56	TXT 文件	2 KB
openrefine.exe	2020/1/31 18:25	应用程序	90 KB
openrefine.l4j.ini	2018/11/21 16:56	INI 文件	1 KB
README.md	2019/7/3 9:54	Markdown File	3 KB
refine.bat	2020/1/31 18:16	Windows 批处理...	7 KB
refine.ini	2019/12/25 16:27	INI 文件	1 KB

图 7-2　OpenRefine 所需的启动文件和配置文件

（3）双击图 7-2 中的“openrefine.exe”，启动 OpenRefine 工具。若当前计算机中没有配置 Java 环境，则会在默认的浏览器中打开“下载适用于 Windows 的 Java”页面，如图 7-3 所示。

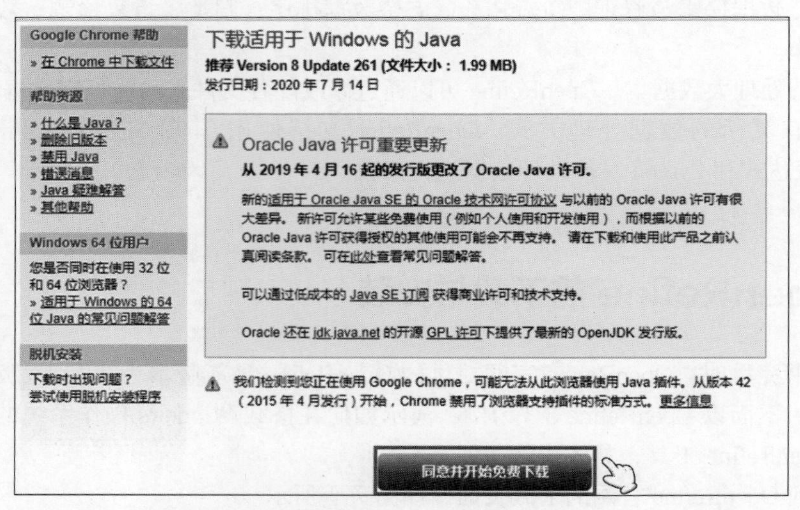

图 7-3 “下载适用于 Windows 的 Java”页面

（4）单击图 7-3 中的【同意并开始免费下载】按钮下载 Java。待 Java 安装成功后，再次双击“openrefine.exe”会跳转到 OpenRefine 首页，如图 7-4 所示。

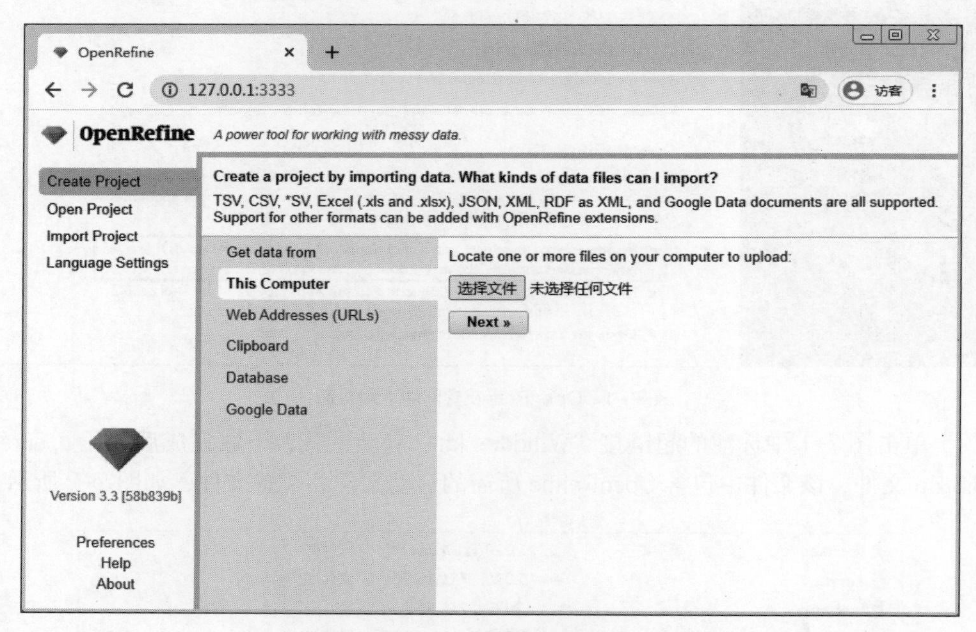

图 7-4 OpenRefine 首页

至此，OpenRefine 工具安装完成。

7.3 OpenRefine 的基本操作

OpenRefine 工具的使用方式极其简单，导入数据后便可以对数据进行清理。本节将对

OpenRefine 的基本操作进行介绍，主要包括基本配置、创建项目、操作列、撤销与重做和导出数据。

7.3.1　基本配置

为保证读者后续能顺畅且便捷地使用 OpenRefine 工具，在使用 OpenRefine 工具之前，需要对其进行一些基本配置，即语言设定和增加内存，其中增加内存可以避免后续操作时出现因数据集庞大而无法导入的问题。下面分别介绍如何对 OpenRefine 工具进行语言设定和增加内存这两种配置。

1. 语言设定

OpenRefine 工具默认使用英文显示。为迎合大多数中国用户的偏好，方便后期的操作与查看，这里可将默认设定的语言修改为中文。单击 OpenRefine 首页的“Language Settings”选项，先在右侧下拉列表框中选择“简体中文”，再单击【Change Language】按钮完成语言的重新设定。语言设定为“简体中文”的页面如图 7-5 所示。

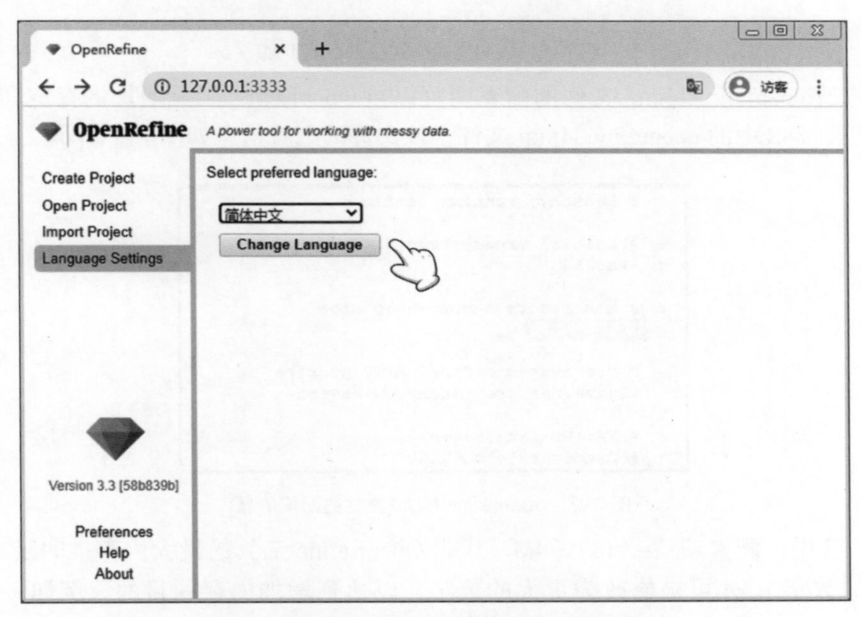

图 7-5　语言设定为“简体中文”的页面

当语言设定成功后，页面会弹出“再次确认”的提示框，单击【确定】按钮页面自动刷新后跳转到首页，并以中文的形式显示当前页面，如图 7-6 所示。

从图 7-6 中可以看出，除了“语言设定”选项之外，首页还包括“新建项目”“打开项目”“导入项目”3 个选项，其中“新建项目”用于将数据集导入 OpenRefine 工具中，支持从本地导入、网址导入和数据库导入等多种导入方式；“打开项目”用于快速打开已创建的项目；“导入项目”用于直接导入一个已有的 OpenRefine 项目。由于目前还没有创建过项目，当前页面的项目列表中没有任何项目。

2. 增加内存

OpenRefine 在 Windows 操作系统中默认分配 1GB 内存空间，若处理的数据需要使用更大的内存空间，则可以通过配置文件增加 OpenRefine 所使用的内存空间。

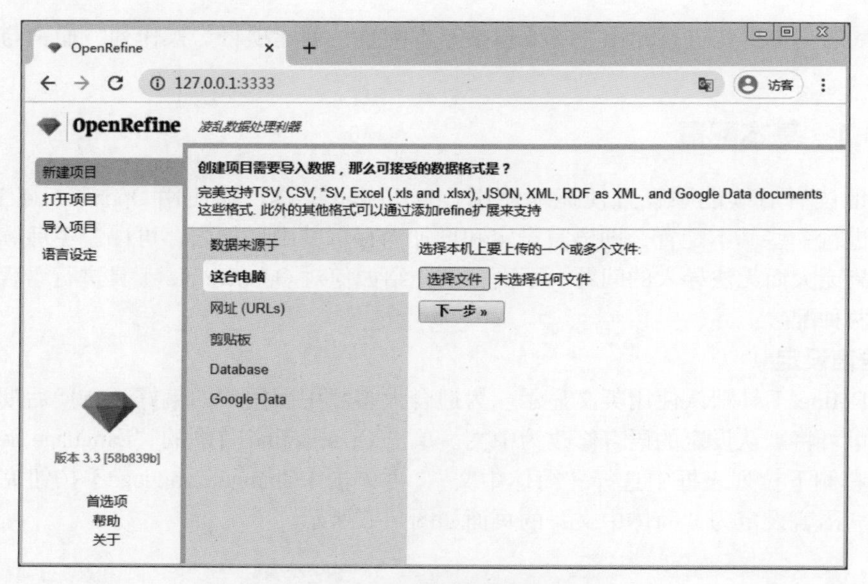

图 7-6　以中文的形式显示当前页面

通过修改 openrefine.l4j.ini 文件的配置项可以给 OpenRefine 工具增加内存空间。使用文本工具打开图 7-2 中的 openrefine.l4j.ini 文件，该文件的配置信息如图 7-7 所示。

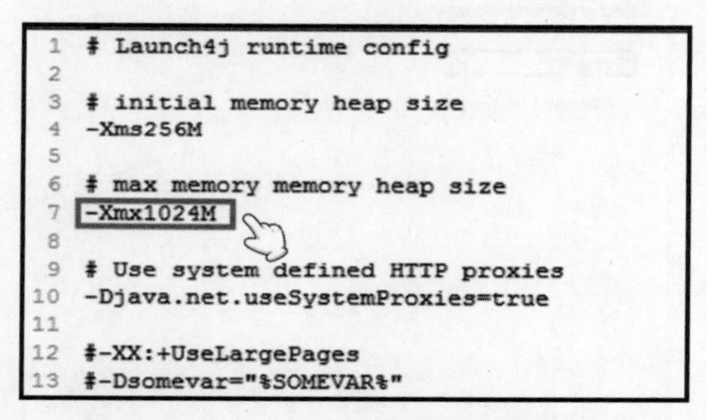

```
1  # Launch4j runtime config
2
3  # initial memory heap size
4  -Xms256M
5
6  # max memory memory heap size
7  -Xmx1024M
8
9  # Use system defined HTTP proxies
10 -Djava.net.useSystemProxies=true
11
12 #-XX:+UseLargePages
13 #-Dsomevar="%SOMEVAR%"
```

图 7-7　openrefine.l4j.ini 文件的配置信息

在图 7-7 中，配置项“-Xmx1024M”代表 OpenRefine 工具的最大内存空间量，即 1GB。该配置项的数字 1024 可被修改为更大的数字，以达到增加内存的目的。例如，将配置项“-Xmx1024M”中的 1024 修改为 2048，使内存空间的大小增加至 2GB。

需要注意的是，若使用 2GB 或更大的内存，需要将当前配置的 Java 环境版本升级至 64 位版本，否则会在编辑 openrefine.l4j.ini 文件后无法启动 OpenRefine 工具。

7.3.2　创建项目

使用 OpenRefine 创建项目比较简单，导入待处理的文件，并单击“新建项目”即可创建一个 OpenRefine 项目。下面以 Athletes_info.xlsx 文件为例，演示如何使用 OpenRefine 工具创建基于该文件的项目，具体步骤如下。

（1）单击 OpenRefine 首页的“新建项目”选项，在页面右侧继续单击【选择文件】按钮从本地导入待清理的文件，导入完成后单击【下一步】按钮导入 Athletes_info.xlsx 文件的数据，如图 7-8 所示。

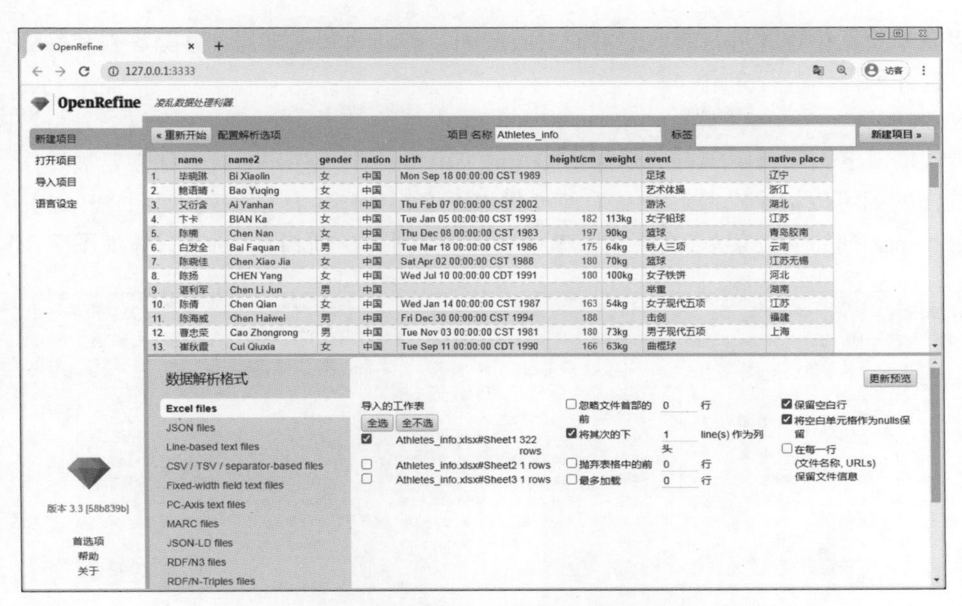

图 7-8　导入 Athletes_info.xlsx 文件的数据

（2）在页面顶部“项目 名称”文本框中填写“Athletes_info”，单击右上角的【新建项目】按钮，即可创建一个名称为“Athletes_info”的新项目。Athletes_info 项目创建完成的页面如图 7-9 所示。

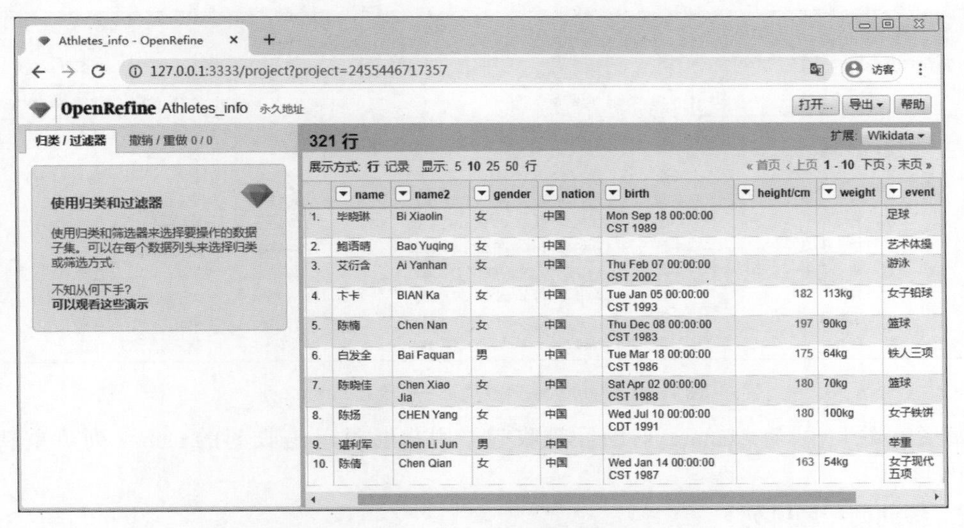

图 7-9　Athletes_info 项目创建完成的页面

在图 7-9 中，页面右侧展示了项目的具体信息，由上至下依次为数据集总行数、展示方式与显示行数、数据列标题和数据内容。

值得一提的是，OpenRefine 工具默认显示前 10 行数据，大家可通过单击页面上方“显示”后面的数字（5、10、25、50）链接，来指定显示的行数。

7.3.3　操作列

OpenRefine 中的数据主要以行和列的形式展示，通过操作列可以对数据的展示方式、列标题以及列数据位置等进行修改。下面对收起列、移动列和重排列、移除该列和移除列、重命名列这几种操作进行介绍。

1. 收起列

默认情况下，项目中所有的列都是展开的，由于并非所有列的数据都需要被操作，其中不被操作的列可以被手动收起，从而使项目界面变得清晰、简洁。例如，打开 Athletes_info 项目中 name2 列的下拉菜单，在下拉菜单中选择“视图”→“收起该列”，具体如图 7-10 所示。

321 行 扩展: Wikidata

展示方式: 行 记录 显示: 5 10 25 50 行 « 首页 ‹ 上页 1 - 10 下页 › 末页 »

全部	name	name2	gender	nation	birth	height/cm	weight	event	native place
1.	毕晓琳			中国	Mon Sep 18 00:00:00 CST 1989			足球	辽宁
2.	鲍语晴			中国				艺术体操	浙江
3.	艾衍含			中国	Thu Feb 07 00:00:00 CST 2002			游泳	湖北
4.	卞卡			中国	Tue Jan 05 00:00:00 CST 1993	182	113kg	女子铅球	江苏
5.	陈楠			中国	Thu Dec 08 00:00:00 CST 1983	197	90kg	篮球	青岛胶南
6.	白发全			中国	Tue Mar 18 00:00:00 CST 1986	175	64kg	铁人三项	云南
7.	陈晓佳			中国	Sat Apr 02 00:00:00 CST 1988	180	70kg	篮球	江苏无锡
8.	陈扬			中国	Wed Jul 10 00:00:00 CDT 1991	180	100kg	女子铁饼	河北
9.	谌利军							举重	湖南
10.	陈倩				1987	163	54kg	女子现代五项	江苏

归类 ▸
文本过滤器
编辑单元格 ▸
编辑列 ▸
变换 ▸
排序...
视图 ▸ 收起该列 / 收起所有其他列 / 收起左侧列 / 收起右侧列
搭配 ▸

图 7-10 Athletes_info 项目——收起列步骤

选择“收起该列”后，Athletes_info 项目的数据如图 7-11 所示。

321 行 扩展: Wikidata

展示方式: 行 记录 显示: 5 10 25 50 行 « 首页 ‹ 上页 1 - 10 下页 › 末页 »

全部	name		gender	nation	birth	height/cm	weight	event	native place
1.	毕晓琳		女	中国	Mon Sep 18 00:00:00 CST 1989			足球	辽宁
2.	鲍语晴		女	中国				艺术体操	浙江
3.	艾衍含		女	中国	Thu Feb 07 00:00:00 CST 2002			游泳	湖北
4.	卞卡		女	中国	Tue Jan 05 00:00:00 CST 1993	182	113kg	女子铅球	江苏
5.	陈楠		女	中国	Thu Dec 08 00:00:00 CST 1983	197	90kg	篮球	青岛胶南
6.	白发全		男	中国	Tue Mar 18 00:00:00 CST 1986	175	64kg	铁人三项	云南
7.	陈晓佳		女	中国	Sat Apr 02 00:00:00 CST 1988	180	70kg	篮球	江苏无锡
8.	陈扬		女	中国	Wed Jul 10 00:00:00 CDT 1991	180	100kg	女子铁饼	河北
9.	谌利军		男	中国				举重	湖南
10.	陈倩		女	中国	Wed Jan 14 00:00:00 CST 1987	163	54kg	女子现代五项	江苏

图 7-11 Athletes_info 项目——收起 name2 列

观察图 7-11 可知，name2 列已经被收起。用户通过单击收起的 name2 列可重新展开 name2 列。

2. 移动列和重排列

OpenRefine 既支持一次移动单列，也支持一次移动多列，以达到重排列的目的。OpenRefine 工具支持 4 种移动列的方式，分别为“列移至开始”“列移至末尾”“左移列”“右移列”。

例如，打开 Athletes_info 项目中 nation 列的下拉菜单，在下拉菜单中选择“编辑列”→“右移列”，具体如图 7-12 所示。

选择“右移列”后，Athletes_info 项目中的数据如图 7-13 所示。

观察图 7-13 可知，nation 列较之前的位置向右移动了一列。

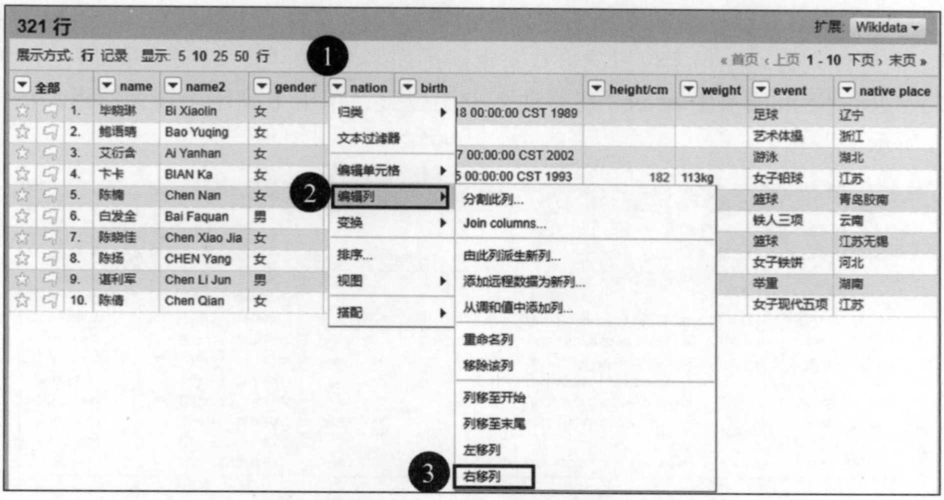

321 行　扩展: Wikidata

展示方式: 行 记录　显示: 5 10 25 50 行　« 首页 ‹ 上页 1 - 10 下页 › 末页 »

全部	name	name2	gender	nation	birth	height/cm	weight	event	native place
1.	毕晓琳	Bi Xiaolin	女		8 00:00:00 CST 1989			足球	辽宁
2.	鲍语晴	Bao Yuqing	女					艺术体操	浙江
3.	艾衍含	Ai Yanhan	女		7 00:00:00 CST 2002			游泳	湖北
4.	卞卡	BIAN Ka	女		5 00:00:00 CST 1993	182	113kg	女子铅球	江苏
5.	陈楠	Chen Nan	女					篮球	青岛胶南
6.	白发全	Bai Faquan	男					铁人三项	云南
7.	陈晓佳	Chen Xiao Jia	女					篮球	江苏无锡
8.	陈扬	CHEN Yang	女					女子铁饼	河北
9.	谌利军	Chen Li Jun	男					举重	湖南
10.	陈倩	Chen Qian	女					女子现代五项	江苏

图 7-12　Athletes_info 项目——移动列步骤

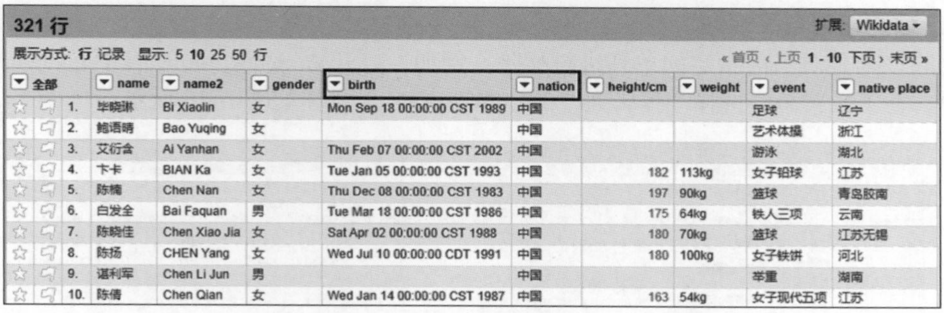

321 行　扩展: Wikidata

展示方式: 行 记录　显示: 5 10 25 50 行　« 首页 ‹ 上页 1 - 10 下页 › 末页 »

全部	name	name2	gender	birth	nation	height/cm	weight	event	native place
1.	毕晓琳	Bi Xiaolin	女	Mon Sep 18 00:00:00 CST 1989	中国			足球	辽宁
2.	鲍语晴	Bao Yuqing	女		中国			艺术体操	浙江
3.	艾衍含	Ai Yanhan	女	Thu Feb 07 00:00:00 CST 2002	中国			游泳	湖北
4.	卞卡	BIAN Ka	女	Tue Jan 05 00:00:00 CST 1993	中国	182	113kg	女子铅球	江苏
5.	陈楠	Chen Nan	女	Thu Dec 08 00:00:00 CST 1983	中国	197	90kg	篮球	青岛胶南
6.	白发全	Bai Faquan	男	Tue Mar 18 00:00:00 CST 1986	中国	175	64kg	铁人三项	云南
7.	陈晓佳	Chen Xiao Jia	女	Sat Apr 02 00:00:00 CST 1988	中国	180	70kg	篮球	江苏无锡
8.	陈扬	CHEN Yang	女	Wed Jul 10 00:00:00 CDT 1991	中国	180	100kg	女子铁饼	河北
9.	谌利军	Chen Li Jun	男		中国			举重	湖南
10.	陈倩	Chen Qian	女	Wed Jan 14 00:00:00 CST 1987	中国	163	54kg	女子现代五项	江苏

图 7-13　Athletes_info 项目——右移 nation 列

OpenRefine 工具也支持对项目中的所有列进行重排。例如，打开图 7-13 中“全部”选项的下拉菜单，选择“编辑列”→“重排 / 移除列”，弹出“重排 / 移除列”对话框，具体如图 7-14 所示。

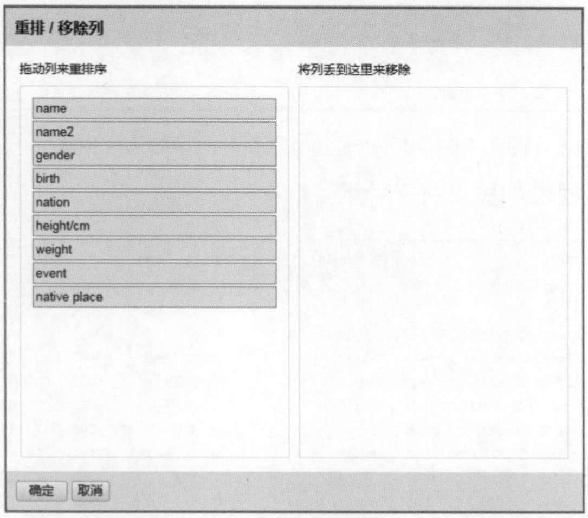

图 7-14　“重排 / 移除列”对话框

在图 7-14 中，对话框左侧按照从左到右的顺序依次罗列了所有列的标题，这时我们可以通过多次拖曳列标题至指定位置的方式来重新排列多个列标题，以实现重排列的功能。例如，将 Athletes_info 项目中 name2 列移动至末尾位置，单击【确定】按钮后返回的页面如图 7-15 所示。

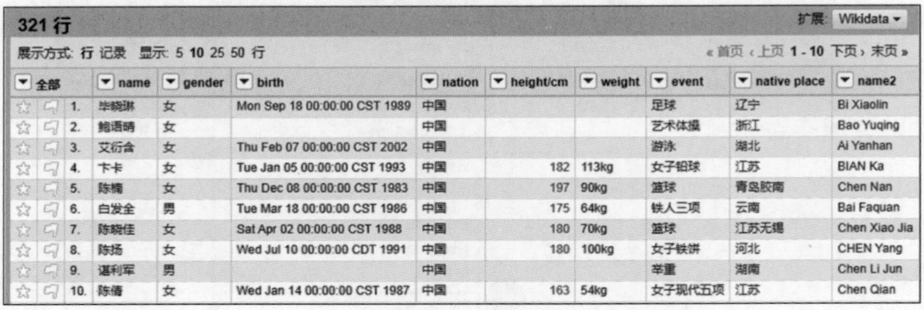

321 行　　扩展: Wikidata

展示方式: 行 记录　显示: 5 10 25 50 行　　« 首页 ‹ 上页 1 - 10 下页 › 末页 »

全部	name	gender	birth	nation	height/cm	weight	event	native place	name2
1.	毕晓琳	女	Mon Sep 18 00:00:00 CST 1989	中国			足球	辽宁	Bi Xiaolin
2.	鲍语晴	女		中国			艺术体操	浙江	Bao Yuqing
3.	艾衍含	女	Thu Feb 07 00:00:00 CST 2002	中国			游泳	湖北	Ai Yanhan
4.	卞卡	女	Tue Jan 05 00:00:00 CST 1993	中国	182	113kg	女子铅球	江苏	BIAN Ka
5.	陈楠	女	Thu Dec 08 00:00:00 CST 1983	中国	197	90kg	篮球	青岛胶南	Chen Nan
6.	白发全	男	Tue Mar 18 00:00:00 CST 1986	中国	175	64kg	铁人三项	云南	Bai Faquan
7.	陈晓佳	女	Sat Apr 02 00:00:00 CST 1988	中国	180	70kg	篮球	江苏无锡	Chen Xiao Jia
8.	陈扬	女	Wed Jul 10 00:00:00 CDT 1991	中国	180	100kg	女子铁饼	河北	CHEN Yang
9.	谌利军	男		中国			举重	湖南	Chen Li Jun
10.	陈倩	女	Wed Jan 14 00:00:00 CST 1987	中国	163	54kg	女子现代五项	江苏	Chen Qian

图 7-15　Athletes_info 项目——重排列

观察图 7-15 可知，name2 列移动到了末尾位置。

3. 移除该列与移除列

移除该列是对当前指定的单列进行移除。例如，打开 Athletes_info 项目中 gender 列的下拉菜单，在下拉菜单中选择“编辑列”→“移除该列”，具体如图 7-16 所示。

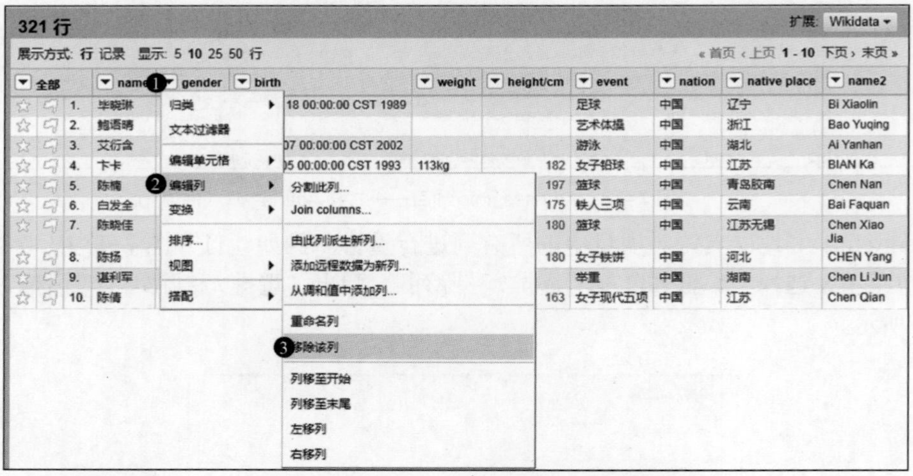

图 7-16　Athletes_info 项目——移除该列步骤

移除 gender 列后的效果如图 7-17 所示。

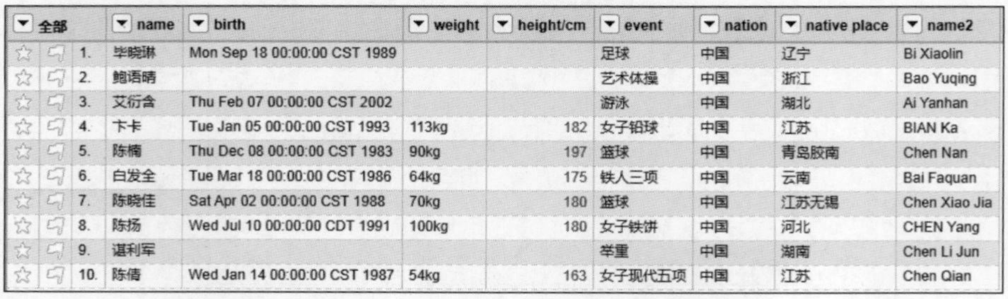

全部	name	birth	weight	height/cm	event	nation	native place	name2
1.	毕晓琳	Mon Sep 18 00:00:00 CST 1989			足球	中国	辽宁	Bi Xiaolin
2.	鲍语晴				艺术体操	中国	浙江	Bao Yuqing
3.	艾衍含	Thu Feb 07 00:00:00 CST 2002			游泳	中国	湖北	Ai Yanhan
4.	卞卡	Tue Jan 05 00:00:00 CST 1993	113kg	182	女子铅球	中国	江苏	BIAN Ka
5.	陈楠	Thu Dec 08 00:00:00 CST 1983	90kg	197	篮球	中国	青岛胶南	Chen Nan
6.	白发全	Tue Mar 18 00:00:00 CST 1986	64kg	175	铁人三项	中国	云南	Bai Faquan
7.	陈晓佳	Sat Apr 02 00:00:00 CST 1988	70kg	180	篮球	中国	江苏无锡	Chen Xiao Jia
8.	陈扬	Wed Jul 10 00:00:00 CDT 1991	100kg	180	女子铁饼	中国	河北	CHEN Yang
9.	谌利军				举重	中国	湖南	Chen Li Jun
10.	陈倩	Wed Jan 14 00:00:00 CST 1987	54kg	163	女子现代五项	中国	江苏	Chen Qian

图 7-17　移除 gender 列后的效果

观察图 7-17 可知，当前数据中不存在列标题为“gender”的数据。

移除列是对不需要的列进行批量移除。打开图 7-17 中“全部”选项的下拉菜单，选择“编辑列”→“重排 / 移除列”，弹出“重排 / 移除列”对话框。在该对话框中，拖曳左侧的 name2 和 nation 至右侧的移除列表，具体如图 7-18 所示。

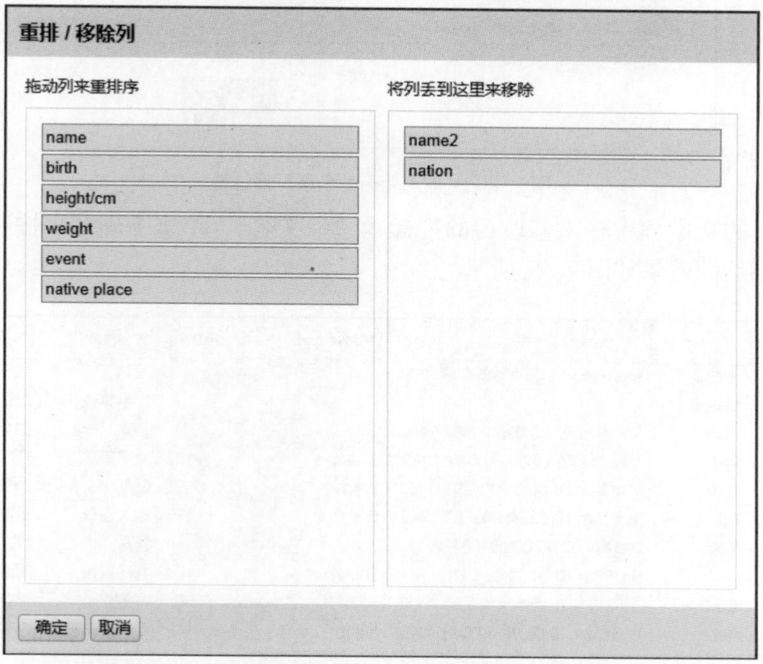

重排 / 移除列

拖动列来重排序

name
birth
height/cm
weight
event
native place

将列丢到这里来移除

name2
nation

确定　取消

图 7-18　Athletes_info 项目——移除 name2 和 nation 列

单击图 7-18 的【确定】按钮，移除 name2 和 nation 列后的效果如图 7-19 所示。

全部	name	birth	weight	height/cm	event	native place
1.	毕晓琳	Mon Sep 18 00:00:00 CST 1989			足球	辽宁
2.	鲍语晴				艺术体操	浙江
3.	艾衍含	Thu Feb 07 00:00:00 CST 2002			游泳	湖北
4.	卞卡	Tue Jan 05 00:00:00 CST 1993	113kg	182	女子铅球	江苏
5.	陈楠	Thu Dec 08 00:00:00 CST 1983	90kg	197	篮球	青岛胶南
6.	白发全	Tue Mar 18 00:00:00 CST 1986	64kg	175	铁人三项	云南
7.	陈晓佳	Sat Apr 02 00:00:00 CST 1988	70kg	180	篮球	江苏无锡
8.	陈扬	Wed Jul 10 00:00:00 CDT 1991	100kg	180	女子铁饼	河北
9.	谌利军				举重	湖南
10.	陈倩	Wed Jan 14 00:00:00 CST 1987	54kg	163	女子现代五项	江苏

图 7-19　移除 name2 和 nation 列后的效果

观察图 7-19 可知，当前数据中不存在列标题为“name2”和“nation”的数据。

4. 重命名列

如果列标题不能清晰、明了地传递该列数据所代表的含义，可通过重命名列来重新定义列标题。

以操作 Athletes_info 项目为例，演示 name 列的重命名操作。打开图 7-19 中 name 列的下拉菜单，在下拉菜单中选择“编辑列”→“重命名列”，弹出“输入新列的名字”对话框，具体如图 7-20 所示。

127.0.0.1:3333 显示

输入新列的名字

name

确定 取消

图 7-20 “输入新列的名字”对话框

在图 7-20 的文本框中输入修改后的列标题“中文名”，单击【确定】按钮关闭对话框。重命名 name 列后的效果如图 7-21 所示。

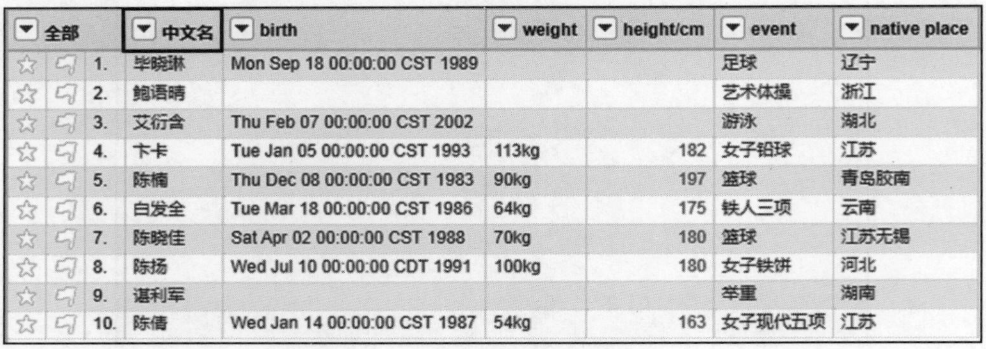

全部			中文名	birth	weight	height/cm	event	native place
☆		1.	毕晓琳	Mon Sep 18 00:00:00 CST 1989			足球	辽宁
☆		2.	鲍语晴				艺术体操	浙江
☆		3.	艾衍含	Thu Feb 07 00:00:00 CST 2002			游泳	湖北
☆		4.	卞卡	Tue Jan 05 00:00:00 CST 1993	113kg	182	女子铅球	江苏
☆		5.	陈楠	Thu Dec 08 00:00:00 CST 1983	90kg	197	篮球	青岛胶南
☆		6.	白发全	Tue Mar 18 00:00:00 CST 1986	64kg	175	铁人三项	云南
☆		7.	陈晓佳	Sat Apr 02 00:00:00 CST 1988	70kg	180	篮球	江苏无锡
☆		8.	陈扬	Wed Jul 10 00:00:00 CDT 1991	100kg	180	女子铁饼	河北
☆		9.	谌利军				举重	湖南
☆		10.	陈倩	Wed Jan 14 00:00:00 CST 1987	54kg	163	女子现代五项	江苏

图 7-21 重命名 name 列后的效果

观察图 7-21 可知，当前数据中列标题“name”已被修改为“中文名”。

7.3.4 撤销与重做

OpenRefine 的一个特别有用的功能是可以在项目创建后保存所有的历史操作步骤。单击页面左上角的【撤销 / 重做】按钮，可以看到自项目创建以来的全部操作步骤，具体如图 7-22 所示。

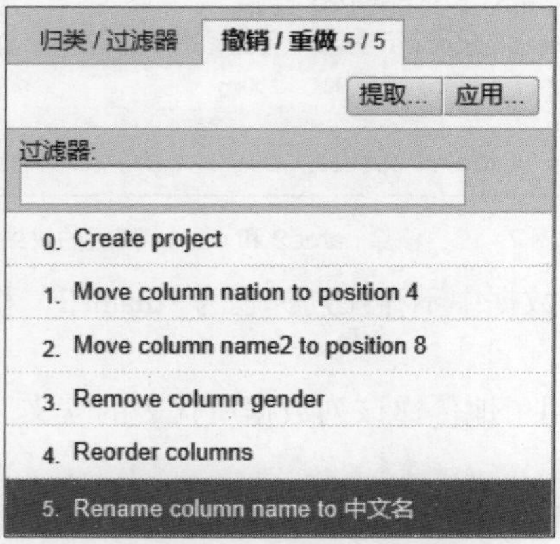

归类 / 过滤器　**撤销 / 重做** 5 / 5

提取… 应用…

过滤器:

0. Create project
1. Move column nation to position 4
2. Move column name2 to position 8
3. Remove column gender
4. Reorder columns
5. Rename column name to 中文名

图 7-22 撤销 / 重做页面

由图 7-22 可知，每个步骤均按操作顺序进行编号。通过单击操作步骤可使项目回退到指定操作完成后的项目状态。例如，选择图 7-22 中的“4. Reorder columns”，项目会回退到重命名列标题“name”前的状态，如图 7-23 所示。

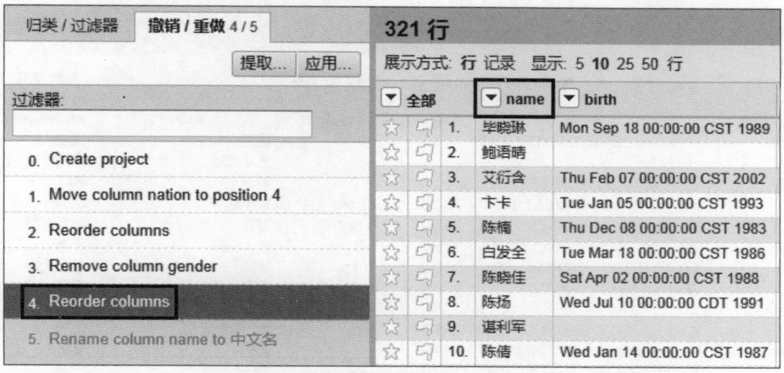

图 7-23　撤销重命名列操作

从图 7-23 中可以看出，当前项目中 name 列的名称从“中文名”恢复成了“name”。

7.3.5　导出数据

虽然 OpenRefine 项目支持移动、移除和重命名列操作，但是这些操作不会修改原始数据。之所以出现这种情况，是因为 OpenRefine 会复制原始数据。若希望列操作在复制的数据中生效，则需要对修改后的数据执行导出操作。

下面以 Athletes_info 项目为例，为大家演示如何使用 OpenRefine 工具导出数据，具体步骤如下。

（1）单击 Athletes_info 项目上方的【导出】按钮，打开“导出”的下拉菜单，如图 7-24 所示。

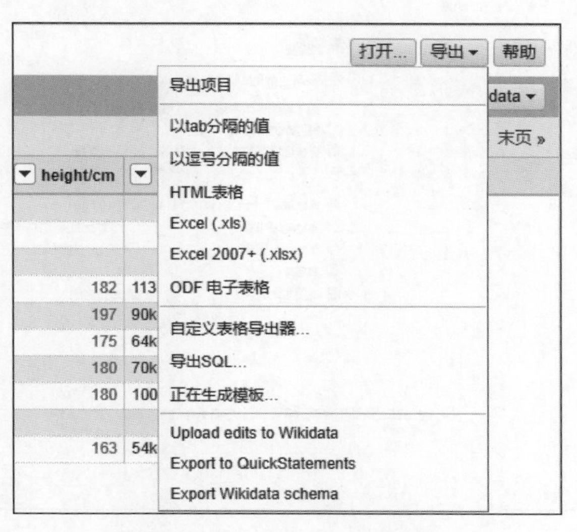

图 7-24　打开“导出”的下拉菜单

在下拉菜单中选择相应选项，即可将数据导出为对应格式。从图 7-24 中可以看出，OpenRefine 工具支持将数据导出到 Excel 文件、HTML 表格等。需要说明的是，“导出项目”命令会将数据导出为 OpenRefine 格式的压缩包。

（2）在图 7-24 的下拉菜单中，选择“HTML 表格”，将 Athletes_info 当前的数据以 HTML 表格的形式进行导出，并保存至 Athletes_info.html 文件中。Athletes_info.html 文件打开后的内容如图 7-25 所示。

name	birth	height/cm	weight	event	native place
毕晓琳	Mon Sep 18 00:00:00 CST 1989			足球	辽宁
鲍语晴				艺术体操	浙江
艾衍含	Thu Feb 07 00:00:00 CST 2002			游泳	湖北
卞卡	Tue Jan 05 00:00:00 CST 1993	182.0	113kg	女子铅球	江苏
陈楠	Thu Dec 08 00:00:00 CST 1983	197.0	90kg	篮球	青岛胶南
白发全	Tue Mar 18 00:00:00 CST 1986	175.0	64kg	铁人三项	云南
陈晓佳	Sat Apr 02 00:00:00 CST 1988	180.0	70kg	篮球	江苏无锡
陈扬	Wed Jul 10 00:00:00 CDT 1991	180.0	100kg	女子铁饼	河北
谌利军				举重	湖南
陈倩	Wed Jan 14 00:00:00 CST 1987	163.0	54kg	女子现代五项	江苏
陈海威	Fri Dec 30 00:00:00 CST 1994	188.0		击剑	福建
曹忠荣	Tue Nov 03 00:00:00 CST 1981	180.0	73kg	男子现代五项	上海
崔秋霞	Tue Sep 11 00:00:00 CDT 1990	166.0	63kg	曲棍球	
曹缘	Tue Feb 07 00:00:00 CST 1995	160.0	42kg	跳水	北京市
曹硕	Tue Oct 08 00:00:00 CST 1991	180.0	76kg	男子三级跳远	河北
曾珍	Sun Nov 28 00:00:00 CST 1993	170.0	61kg	花样游泳	四川
陈定	Wed Aug 05 00:00:00 CST 1992	177.0	61kg	男子20公里竞走	云南
陈颖	Fri Nov 04 00:00:00 CST 1977	164.0	75kg	射击	北京
陈若琳	Sat Dec 12 00:00:00 CST 1992	158.0	47kg	跳水	江苏省

图 7-25　将数据导出到 HTML 表格中

除了以上的导出方式之外，OpenRefine 工具还提供了自定义表格导出器（见图 7-24），使用自定义表格导出器可实现指定导出数据及对数据进行排序的功能。

以操作 Athletes_info 项目为例，演示自定义表格导出器，具体如图 7-26 所示。

图 7-26　自定义表格导出器

在图 7-26 中，大家可以通过拖曳列标题改变列标题的顺序，也可以取消勾选列标题前的复选框以移除指定的列数据。保持默认配置，单击图 7-26 上方的“下载”选项切换至下载页面，如图 7-27 所示。

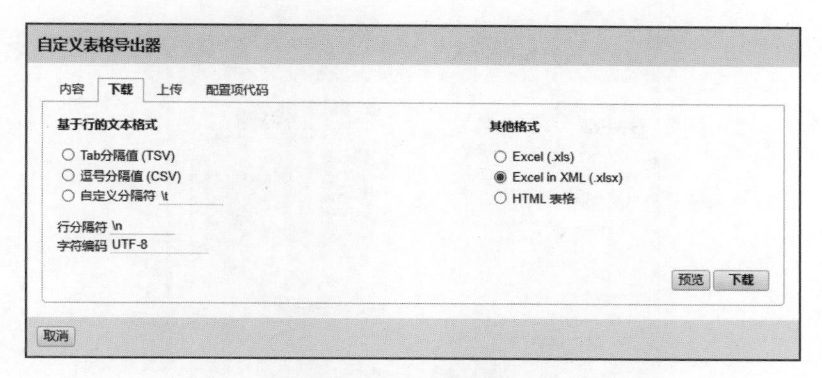

图 7-27　下载页面

在图 7-27 中，下载页面上显示了 3 种基于行的文本格式，分别是 Tab 分隔符、逗号分隔符和自定义分隔符，也显示了 3 种文件格式，分别是 Excel(.xls)、Excel in XML(.xlsx) 和 HTML 表格。大家可以根据自己的需求选择相应的格式。保持默认配置，单击【下载】按钮，将数据保存至以项目名称 Athletes_info 命名的 Excel 文件，并将文件下载至本地。Athletes_info.xlsx 文件的部分数据如图 7-28 所示。

	A	B	C	D	E	F	G
1	name	birth	height/cm	weight	event	native place	
2	毕晓琳	Mon Sep 18 00:00:00 CST 1989			足球	辽宁	
3	鲍语晴				艺术体操	浙江	
4	艾衍含	Thu Feb 07 00:00:00 CST 2002			游泳	湖北	
5	卞卡	Tue Jan 05 00:0	182	113kg	女子铅球	江苏	
6	陈楠	Thu Dec 08 00:0	197	90kg	篮球	青岛胶南	
7	白发全	Tue Mar 18 00:0	175	64kg	铁人三项	云南	
8	陈晓佳	Sat Apr 02 00:0	180	70kg	篮球	江苏无锡	
9	陈扬	Wed Jul 10 00:0	180	100kg	女子铁饼	河北	
10	谌利军				举重	湖南	

Athletes_info

图 7-28　下载的本地文件的部分数据

需要说明的是，为保证后续操作数据的完整性，这里将撤销对 Athletes_info 项目所有的操作。

7.4　OpenRefine 的进阶操作

在 7.3 节中主要介绍了 OpenRefine 的基础操作，本节将进一步介绍 OpenRefine 的进阶操作，包括数据排序、数据归类、重复检测、数据填充、数据文本过滤和数据转换。

7.4.1　数据排序

数据排序是一种常见的数据清理操作，它主要是按照指定方式排列数据。这样不仅可以对数据进行检查和纠错，还可以通过浏览排序后的数据查看数据的特征或趋势，从而找到解决问题的线索。

单击 OpenRefine 项目中某列的下拉菜单，选择“排序 ...”即可打开排序的对话框。Athletes_info 项目中 height/cm 列的排序对话框如图 7-29 所示。

由图 7-29 可知，OpenRefine 工具支持 4 种排序依据，即文本（区分大小写）、数字、日期和布尔，并为每种排序依据提供了两种相应的排序方式，如文本可按照“a-z”或“z-a”两种方式排列数据。

排序，按照 height/cm

排序，依据

◉ 文本 ▢ 大小写敏感
○ 数字
○ 日期
○ 布尔

空白错误等排序方式

合法值
错误
空白

拖曳以重新排序

◉ a-z ○ z-a

确定 取消

图 7-29 height/cm 列的排序对话框

此外，还可以结合“空白错误等排序方式”指定数据中的空值和错误值的排序方式。“空白错误等排序方式”包含“合法值”“错误”和“空白”3 个选项，其中排在最上方的“合法值”优先级最高，最下方的“空白”优先级最低，说明数据中的合法值会排在前面，错误值次之，空值排在末尾。我们可通过拖曳的方式调整“合法值”“错误”和“空白”的顺序，重新对数据进行排列。

例如，选择图 7-29 中的“数字”，将“空白”拖曳到“合法值”之前，然后单击【确定】按钮，排序后的数据如图 7-30 所示。

321 行　　扩展: Wikidata

展示方式: 行 记录　显示: 5 10 25 50 行　排序 ▾　　« 首页 ‹ 上页 1 - 10 下页 › 末

全部	name	name2	gender	nation	birth	height/cm	weight	event	native place
1.	毕晓琳	Bi Xiaolin	女	中国	Mon Sep 18 00:00:00 CST 1989			足球	辽宁
2.	鲍语晴	Bao Yuqing	女	中国				艺术体操	浙江
3.	艾衍含	Ai Yanhan	女	中国	Thu Feb 07 00:00:00 CST 2002			游泳	湖北
9.	谌利军	Chen Li Jun	男	中国				举重	湖南
20.	曾涛	Zeng Tao	男	中国				赛艇	湖南
24.	曹慧	Cao Hui	女	中国				射箭	辽宁
28.	邓书弟	Deng Shudi	男	中国	Tue Sep 10 00:00:00 CDT 1991			体操	贵州
30.	杜凯琹	Du Kaiqin	女	中国	Wed Nov 27 00:00:00 CST 1996			乒乓球	
32.	董洁	Dong Jie	女	中国				游泳	天津
33.	邓志伟	Deng Zhiwei	男	中国				男子古典式摔跤125公斤级	河北

图 7-30 排序后的数据

从图 7-30 中可以看出，height/cm 列优先显示了空值。

需要说明的是，由于排序操作只改变数据的顺序，不会改变数据本身，因此排序操作不会被记录到历史操作中。若希望撤销之前的排序操作，可以单击图 7-30 左上方增加的快捷菜单“排序”，从弹出的下拉菜单中选择“不排序”，将显示排序前的数据，如图 7-31 所示。

321 行　　扩展

展示方式: 行 记录　显示: 5 10 25 50 行　　« 首页 ‹ 上页 1 - 10

全部	name	name2	gender	nation	birth	height/cm	weight	event	native place
1.	毕晓琳	Bi Xiaolin	女	中国	Mon Sep 18 00:00:00 CST 1989			足球	辽宁
2.	鲍语晴	Bao Yuqing	女	中国				艺术体操	浙江
3.	艾衍含	Ai Yanhan	女	中国	Thu Feb 07 00:00:00 CST 2002			游泳	湖北
4.	卞卡	BIAN Ka	女	中国	Tue Jan 05 00:00:00 CST 1993	182	113kg	女子铅球	江苏
5.	陈楠	Chen Nan	女	中国	Thu Dec 08 00:00:00 CST 1983	197	90kg	篮球	青岛胶南
6.	白发全	Bai Faquan	男	中国	Tue Mar 18 00:00:00 CST 1986	175	64kg	铁人三项	云南
7.	陈晓佳	Chen Xiao Jia	女	中国	Sat Apr 02 00:00:00 CST 1988	180	70kg	篮球	江苏无锡
8.	陈扬	CHEN Yang	女	中国	Wed Jul 10 00:00:00 CDT 1991	180	100kg	女子铁饼	河北
9.	谌利军	Chen Li Jun	男	中国				举重	湖南
10.	陈倩	Chen Qian	女	中国	Wed Jan 14 00:00:00 CST 1987	163	54kg	女子现代五项	江苏

图 7-31 排序前的数据

需要说明的是，一旦撤销了排序操作，排序的快捷菜单便会随之消失。另外，通过 height/cm 列的下拉菜单也可以撤销排序操作。

7.4.2 数据归类

数据归类是 OpenRefine 最常用的功能之一，它主要是从数据中获得一个变化的子集，以从多个方面查看数据，而不会改变数据本身。

打开 Athletes_info 项目中 height/cm 列的下拉菜单，在下拉菜单中选择“归类”即可展开“归类”的菜单，具体如图 7-32 所示。

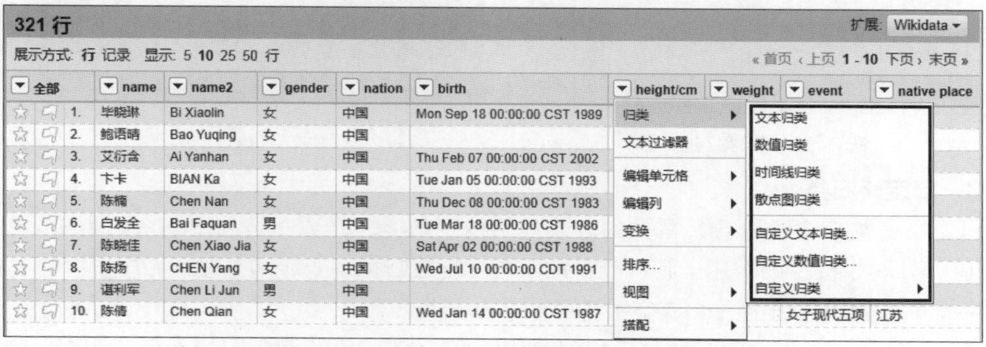

321 行　　扩展: Wikidata

展示方式: 行 记录　显示: 5 10 25 50 行　　« 首页 ‹ 上页 1 - 10 下页 › 末页 »

全部	name	name2	gender	nation	birth	height/cm	weight	event	native place
1.	毕晓琳	Bi Xiaolin	女	中国	Mon Sep 18 00:00:00 CST 1989				
2.	鲍语晴	Bao Yuqing	女	中国					
3.	艾衍含	Ai Yanhan	女	中国	Thu Feb 07 00:00:00 CST 2002				
4.	卞卡	BIAN Ka	女	中国	Tue Jan 05 00:00:00 CST 1993				
5.	陈楠	Chen Nan	女	中国	Thu Dec 08 00:00:00 CST 1983				
6.	白发全	Bai Faquan	男	中国	Tue Mar 18 00:00:00 CST 1986				
7.	陈晓佳	Chen Xiao Jia	女	中国	Sat Apr 02 00:00:00 CST 1988				
8.	陈扬	CHEN Yang	女	中国	Wed Jul 10 00:00:00 CDT 1991				
9.	谌利军	Chen Li Jun	男	中国					
10.	陈倩	Chen Qian	女	中国	Wed Jan 14 00:00:00 CST 1987			女子现代五项	江苏

归类 ▸　文本过滤器　编辑单元格 ▸　编辑列 ▸　变换 ▸　排序...　视图 ▸　搭配 ▸

文本归类　数值归类　时间线归类　散点图归类　自定义文本归类...　自定义数值归类...　自定义归类 ▸

图 7-32 “归类”的菜单

由图 7-32 可知，OpenRefine 的归类操作包括文本归类、数值归类、时间线归类、散点图归类以及自定义归类等。

下面以文本归类、数值归类和自定义归类为例为大家演示 OpenRefine 工具的数据归类操作。

1. 文本归类

文本归类用于对特定文本值进行分类和归组。例如，打开 Athletes_info 项目中 event 列的下拉菜单，在下拉菜单中选择“归类”→“文本归类”，页面左侧会打开显示归类结果的“归类 / 过滤器”，具体如图 7-33 所示。

由图 7-33 可知，event 列的数据按文本归类后划分为多个分类，同时显示了每个分类的数量。此时单击任一分类可在右侧查看该分类的具体数据。

在图 7-33 中，“归类 / 过滤器”底部有一个“按归类中量来归类”选项，通过该选项可根据显示范围来筛选文本归类后的结果。单击图 7-33 中的“按归类中量来归类”选项，下方出现了一个 event 分区，具体如图 7-34 所示。

图 7-34 中以矩形条的形式显示了一定范围（10.00 — 24.00）的文本数据，可以通过拖动滑块来改变显示范围。

2. 数值归类

数值归类用于查看一列数据的分布情况。例如，打开 Athletes_info 项目中 height/cm 列的下拉菜单，在下拉菜单中选择“归类”→“数值归类”，页面左侧会打开显示归类结果的“归类 / 过滤器”，具体如图 7-35 所示。

从图 7-35 中可以看出，数据的分布范围为 140.00 — 226.00。另外，通过图形下方勾选的选项也可以清楚地知道数据中数值型、Non-numeric（非数值型）、Blank（空值）和 Error（错误值）的数量。

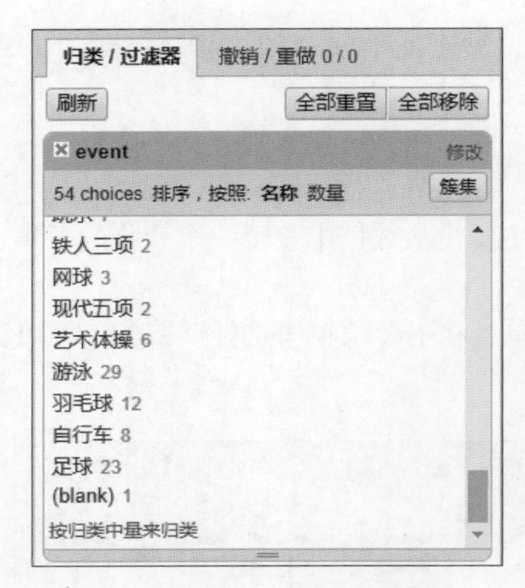

图 7-33 “归类 / 过滤器”

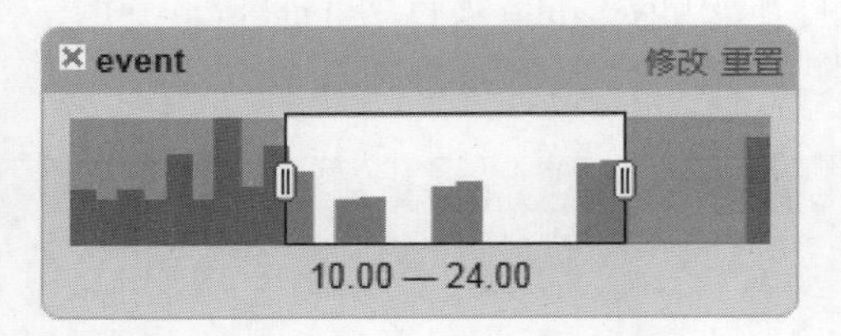

图 7-34 event 分区

3. 自定义归类

自定义归类有多种方式，常见的方式包括按字归类、复数归类和按空白归类（null 或空字符串）等，其中按字归类用于筛选唯一的字段；复数归类用于检测重复项；按空白归类（null 或空字符串）用于将值为 null 或空字符串的数据归类。

例如，打开 Athletes_info 项目中 weight 列的下拉菜单，在下拉菜单中选择“归类”→“自定义归类”→“按 null 归类”，页面左侧“归类 / 过滤器”中显示的结果如图 7-36 所示。

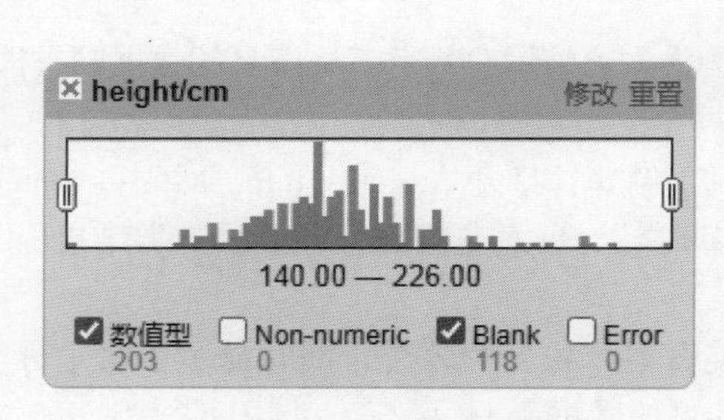

图 7-35 height/cm 列按数值归类

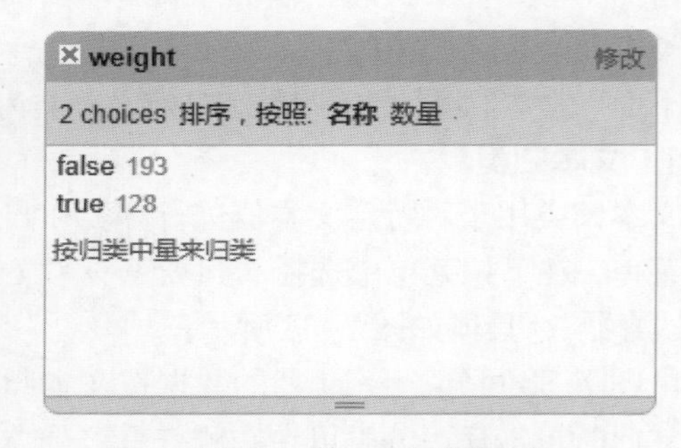

图 7-36 按 null 归类的结果

从图 7-36 中可以看出，weight 列中有 128 个 null 值，193 个非 null 值。

7.4.3 重复检测

重复检测是 OpenRefine 工具的常用功能之一，它主要是从数据中获取重复值，并根据实际需求选择是否删除这些重复值。以操作 Athletes_info 项目为例，对 name 列进行重复检测。打开 name 列的下拉菜单，在下拉菜单中选择“归类”→“自定义归类”→“复数归类”，页面左侧“归类 / 过滤器”中显示的结果如图 7-37 所示。

从图 7-37 中可以看出，结果为 false 的数据有 297 个，为 true 的数据有 24 个，也就是说有 24 个重复值。单击 true 即可查看具体的重复值。

如果希望删除 name 列的重复值，那么需要先对包含重复值的数据进行排序，再删除按复数归类后值为 true 的结果，具体步骤如下。

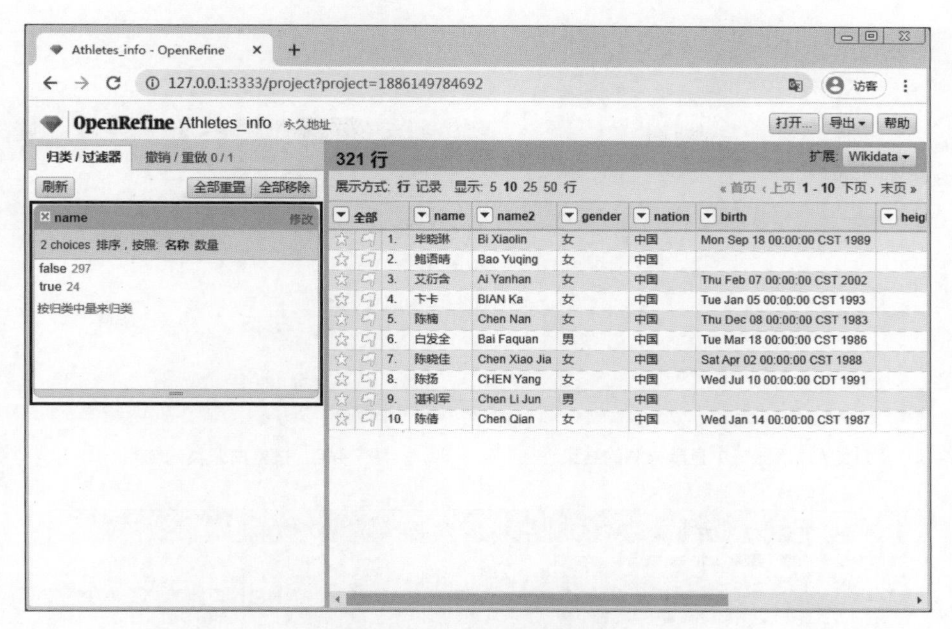

图 7-37　name 列重复检测的结果

（1）打开 name 列的下拉菜单，在下拉菜单中选择“排序 ...”，弹出排序的对话框。保持对话框的默认配置，单击【确定】按钮后项目中的数据如图 7-38 所示。

321 行

展示方式: 行 记录　显示: 5 10 25 50 行　排序

全部	name	name2	gender	nation	height/cm	weight	event	native place
3.	艾衍含	Ai Yanhan	女	中国			游泳	湖北
6.	白发全	Bai Faquan	男	中国	175	64kg	铁人三项	云南
2.	鲍语晴	Bao Yuqing	女	中国			艺术体操	浙江
1.	毕晓琳	Bi Xiaolin	女	中国			足球	辽宁
4.	卞卡	BIAN Ka	女	中国	182	113kg	女子铅球	江苏
24.	曹慧	Cao Hui	女	中国			射箭	辽宁
15.	曹硕	Cao Shuo	男	中国	180	76kg	男子三级跳远	河北
14.	曹缘	Cao Yuan	男	中国	160	42kg	跳水	北京市
12.	曹忠荣	Cao Zhongrong	男	中国	180	73kg	男子现代五项	上海
25.	柴飚	Chai Biao	男	中国	183	70kg	羽毛球	湖南

图 7-38　排序后的数据

（2）单击图 7-38 中的快捷菜单“排序”，选择“固定行排序”，接着在 name 列的下拉菜单中选择“归类”→“自定义归类”→“复数归类”，页面左侧“归类 / 过滤器”中显示检测的结果如图 7-39 所示。

（3）打开图 7-38 中 name 列的下拉菜单，在下拉菜单中选择“编辑单元格”→“相同空白填充”，将重复的数据使用空白填充。

（4）在 name 列的下拉菜单中选择“归类”→“自定义归类”→“按空白归类（null 或空字符串）”，页面左侧“归类 / 过滤器”中增加了显示按空白归类的结果，具体如图 7-40 所示。

（5）单击图 7-40 所示的“归类 / 过滤器”中的“true”，页面右侧将展示检测出的全部重复值，具体如图 7-41 所示。

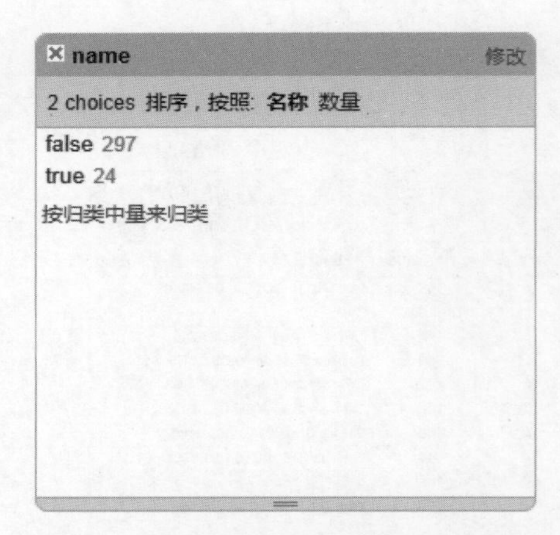

图 7–39 “归类 / 过滤器”中显示检测的结果

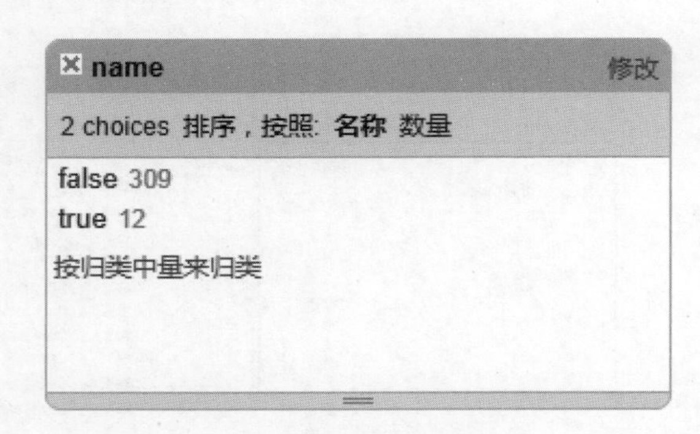

图 7–40 按空白归类的结果

12 matching 行 (321 total)

展示方式: 行 记录 显示: 5 10 25 50 行

全部	name	name2	gender	nation	height/cm	weight	event	native place
223.		Xie Zhenye	男	中国	183	76kg	田径	浙江
226.		Xing Yu	男	中国	188	77kg	射箭	北京
242.		Yang Bin	男	中国			摔跤	
245.		YANG Li	女	中国			足球	江苏
253.		Ye Er Lan Bie Ke Ka Tai	男	中国		66kg	摔跤	甘肃
255.		Ye Shiwen	女	中国	172	64kg	游泳	浙江
257.		Yi Jianlian	男	中国	213	113kg	篮球	广东
261.		You Hao	男	中国			体操	江苏
265.		Yu Yang	女	中国	166	56kg	羽毛球	辽宁
282.		Zhang Shuai	女	中国	177	65kg	网球	天津

图 7–41 检测出的全部重复值

（6）打开图 7–41 中“全部”选项的下拉菜单，在下拉菜单中选择“编辑行”→“移除所有匹配的行”，具体如图 7–42 所示。

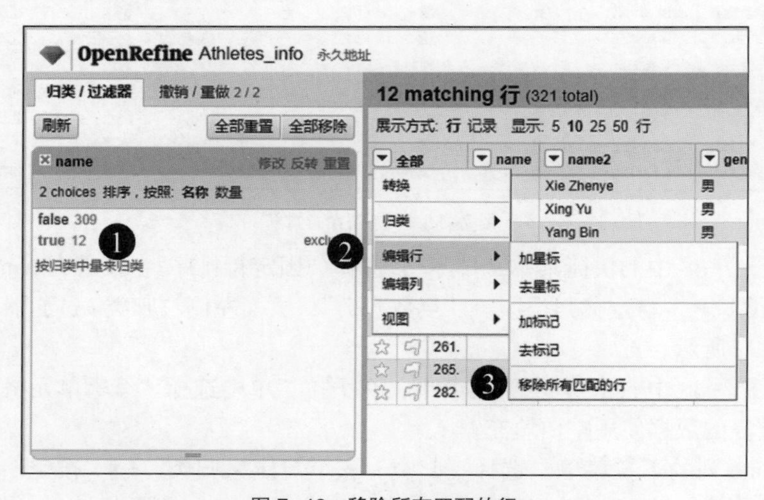

图 7–42 移除所有匹配的行

（7）移除所有匹配的行之后，页面右侧删除了所有的数据，且页面左侧“归类 / 过滤器”的窗口中 true 对应的数量变为 0，具体如图 7–43 所示。

需要注意的是，OpenRefine 工具的重复检测只适用于文本类型数据。

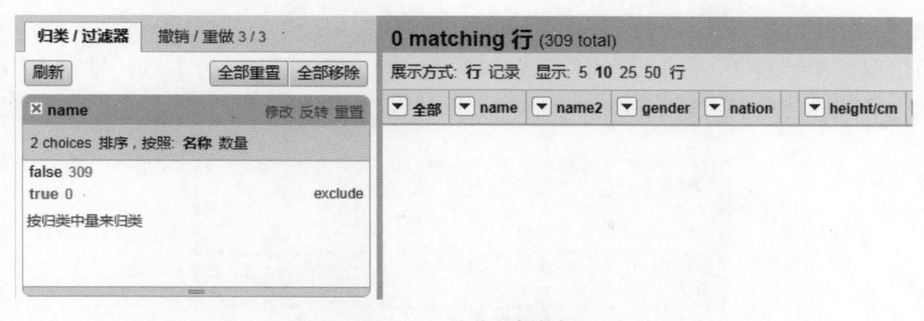

图 7–43　移除重复数据

7.4.4　数据填充

数据填充是使用指定的字符串或数字对空缺位置进行填充，其目的是保证数据的完整性。

以操作 Athletes_info 项目为例，对 weight 列的缺失值进行填充。weight 列记录了每个运动员的体重数据，由于不同运动项目或性别运动员的体重存在较大差异，这里会根据运动员的性别及运动项目求平均体重，以确保填充数据的准确性。

（1）打开 event 列的下拉菜单，在下拉菜单中选择“归类”→“文本归类”，页面左侧“归类 / 过滤器”中显示了归类后的结果，具体如图 7–44 所示。

归类 / 过滤器　撤销 / 重做 3 / 3
刷新　全部重置　全部移除
event　修改
54 choices 排序，按照: 名称 数量　簇集
蹦床 4
帆船 7
高尔夫 4
花剑 1
花样游泳 7
击剑 10
举重 9
篮球 15

309 行　扩展: Wikidata
展示方式: 行 记录　显示: 5 10 25 50 行　« 首页 ‹ 上页 1 - 10 下页 › 末页 »

全部	name	name2	gender		height/cm	weight	event
1.	艾衍含	Ai Yanhan	女				游泳
2.	白发全	Bai Faquan	男		175	64kg	铁人三项
3.	鲍语晴	Bao Yuqing	女				艺术体操
4.	毕晓琳	Bi Xiaolin	女				足球
5.	卞卡	BIAN Ka	女		182	113kg	女子铅球
6.	曹慧	Cao Hui	女				射箭
7.	曹硕	Cao Shuo	男		180	76kg	男子三级跳远
8.	曹缘	Cao Yuan	男		160	42kg	跳水
9.	曹忠荣	Cao Zhongrong	男		180	73kg	男子现代五项
10.	柴飚	Chai Biao	男		183	70kg	羽毛球

图 7–44　归类后的结果

（2）选择归类结果中的任意分类进行查看。单击“帆船”，右侧显示了帆船分类的数据；打开帆船分类数据中 gender 列的下拉菜单，先对该列的数据执行按文本归类操作，再单击查看男性分类的数据，结果如图 7–45 所示。

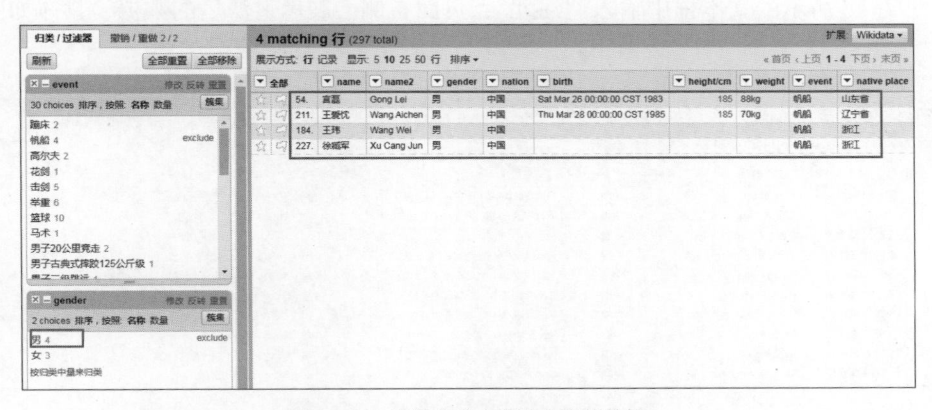

图 7–45　帆船分类中男性分类的数据

从图 7-45 中可以看出，weight 列中有两个缺失值。

（3）将鼠标指针置于 weight 列的任一空缺位置的上方，将显示一个【edit】按钮，单击【edit】按钮，弹出一个可以编辑该单元格的窗口，具体如图 7-46 所示。

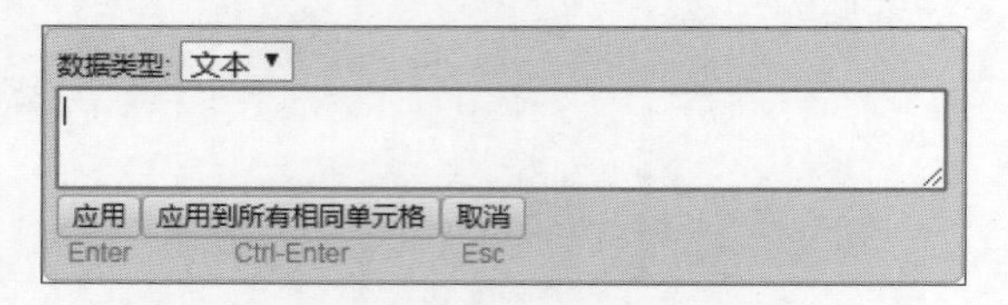

图 7-46 编辑单元格的窗口

（4）在图 7-46 所示的文本框中输入根据 weight 列计算的平均值“79kg”，单击【应用到所有相同单元格】按钮，填充后的数据如图 7-47 所示。

展示方式: 行 记录 显示: 5 10 25 50 行 « 首页 ‹ 上页 1 - 4 下页 › 末页 »

全部	name	name2	gender		height/cm	weight	event
45.	宫磊	Gong Lei	男		185	88kg	帆船
183.	王爱忱	Wang Aichen	男		185	70kg	帆船
208.	王玮	Wang Wei	男			79kg	帆船
233.	徐藏军	Xu Cang Jun	男			79kg	帆船

图 7-47 填充后的数据

从图 7-47 中可以看出，空缺位置均已经填充为 79kg。

7.4.5 文本过滤

文本过滤用于快速匹配某个特定的字符串。以操作 Athletes_info 项目为例，对 native place 列进行过滤，过滤出籍贯为河北的数据。打开 native place 列的下拉菜单，在下拉菜单中选择“文本过滤器”后，页面左侧会显示 native place 列的过滤器窗口，如图 7-48 所示。

图 7-48 native place 列的过滤器窗口

在图 7-48 所示的文本框中输入“河北”，页面右侧会展示过滤后的数据，具体如图 7-49 所示。

12 matching 行 (309 total) 扩展: Wikidata

展示方式: 行 记录 显示: 5 10 25 50 行 « 首页 ‹ 上页 1 - 10 下页 › 末页 »

全部	name	name2	gender	nation	birth	height/cm	weight	event	native place
7.	曹硕	Cao Shuo	男	中国	Tue Oct 08 00:00:00 CST 1991	180	76kg	男子三级跳远	河北
15.	陈扬	CHEN Yang	女	中国	Wed Jul 10 00:00:00 CDT 1991	180	100kg	女子铁饼	河北
22.	邓志伟	Deng Zhiwei	男	中国				男子古典式摔跤125公斤级	河北
24.	翟晓川	Zhai Xiaochuan	男	中国	Wed Mar 24 00:00:00 CST 1993	204	100kg	篮球	河北唐山
46.	巩立姣	Gong Lijiao	女	中国	Tue Jan 24 00:00:00 CST 1989	175	108kg	女子铅球	河北
62.	华绍青	HUA Shaoqing	女	中国	Sat Feb 12 00:00:00 CST 1994	172	54kg	女子中长跑	河北
111.	刘杉杉	LIU Shanshan	女	中国	Mon Mar 16 00:00:00 CST 1992			足球	河北
139.	庞伟	PangWei	男	中国	Sat Jul 19 00:00:00 CDT 1986	179	80kg	射击	河北
164.	苏欣悦	SU Xinyue	女	中国	Fri Nov 08 00:00:00 CST 1991	178	95kg	女子铁饼	河北
177.	唐功臣	Tang Gongcheng	男	中国	Mon Apr 24 00:00:00 CDT 1989	180	68kg	田径	河北

图 7-49 过滤后的数据

7.4.6　数据转换

数据转换是 OpenRefine 工具的常用功能之一。打开 weight 列的下拉菜单，在下拉菜单中选择“编辑单元格”→“常用转换”，可以看到其展开的菜单，如图 7-50 所示。

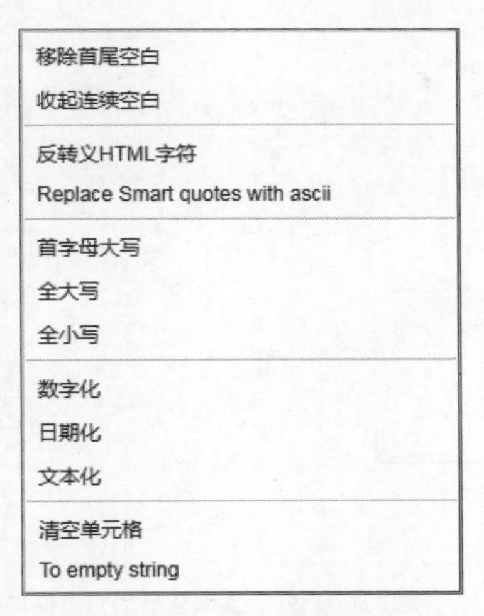

图 7-50　“常用转换”的菜单

从图 7-50 中可以看出，常用转换包括移除首尾空白、收起连续空白、首字母大写、全大写、全小写、文本化等。

以操作 Athletes_info 项目为例，对 weight 列执行文本化操作。在转换之前，可以提前查看 weight 列中存在多少缺失值。打开 weight 列的下拉菜单，在下拉菜单中选择“归类”→“自定义归类”→“按 null 归类”，页面左侧会显示 weight 列的归类窗口，如图 7-51 所示。

归类 / 过滤器　撤销 / 重做 4 / 4
刷新　全部重置　全部移除
weight　修改
2 choices 排序，按照: 名称 数量
false 187
true 122
按归类中量来归类

309 行　扩展: Wikidata
展示方式: 行 记录　显示: 5 10 25 50 行　« 首页 ‹ 上页 1 - 10 下页 › 末页 »

全部	name	name2	gender	height/cm	weight	event	native place
1.	艾衍含	Ai Yanhan	女			游泳	湖北
2.	白发全	Bai Faquan	男	175	64kg	铁人三项	云南
3.	鲍语晴	Bao Yuqing	女			艺术体操	浙江
4.	毕晓琳	Bi Xiaolin	女			足球	辽宁
5.	卞卡	BIAN Ka	女	182	113kg	女子铅球	江苏
6.	曹慧	Cao Hui	女			射箭	辽宁
7.	曹硕	Cao Shuo	男	180	76kg	男子三级跳远	河北
8.	曹缘	Cao Yuan	男	160	42kg	跳水	北京市
9.	曹忠荣	Cao Zhongrong	男	180	73kg	男子现代五项	上海
10.	柴飚	Chai Biao	男	183	70kg	羽毛球	湖南

图 7-51　weight 列的归类窗口

从图 7-51 中可以看出，weight 列中共有 122 个缺失值。

再次打开 weight 列的下拉菜单，在下拉菜单中选择“编辑单元格”→“常用转换”→“文本化”，页面会显示提示信息“Text transform on 122 cells in column weight: value.toString()”，具体如图 7-52 所示。

Text transform on 122 cells in column weight: value.toString()
撤销

图 7-52　页面显示的提示信息

由图 7–52 可知，122 行数据成功地转换为文本类型。

再次对 weight 列执行按 null 归类操作，显示的 weight 列的归类窗口如图 7–53 所示。

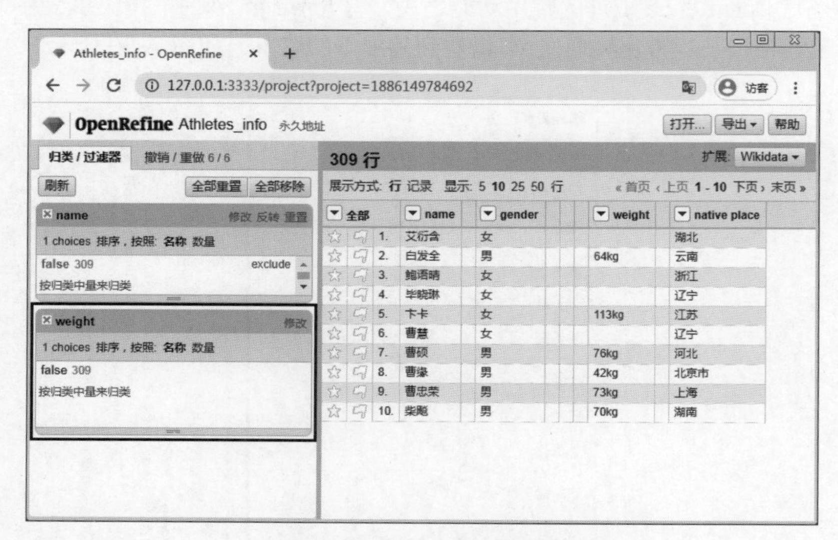

图 7–53　weight 列文本化后的归类窗口

若希望删除 weight 列中的“kg”，可以通过 OpenRefine 工具的表达式功能实现。打开 weight 列的下拉菜单，在下拉菜单中选择“编辑单元格”→“转换 ...”，弹出“自定义文本转换于列 weight”对话框，如图 7–54 所示。

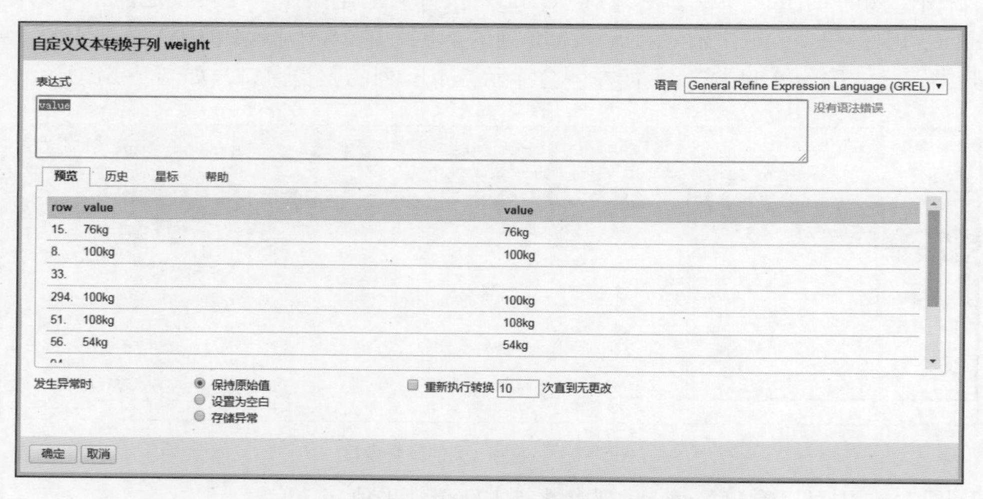

图 7–54　“自定义文本转换于列 weight”对话框

在图 7–54 中，单击右上角语言的下拉菜单可切换表达式的语言。OpenRefine 中的表达式支持 Google Refine Exception Language(GREL)、Python/Jython 和 Clojure 这 3 种语言。

切换表达式的语言为“Python/Jython”，在表达式下方的文本框中输入“return value. replace('kg','')”，单击【确定】按钮，页面上方会显示修改后的提示信息。此时项目中的数据如图 7–55 所示。

从图 7–55 中可以看出，weight 列中的“kg”均被删除。

需要说明的是，在编写 Python 的表达式时，需要保证表达式中必须有 return 语句。

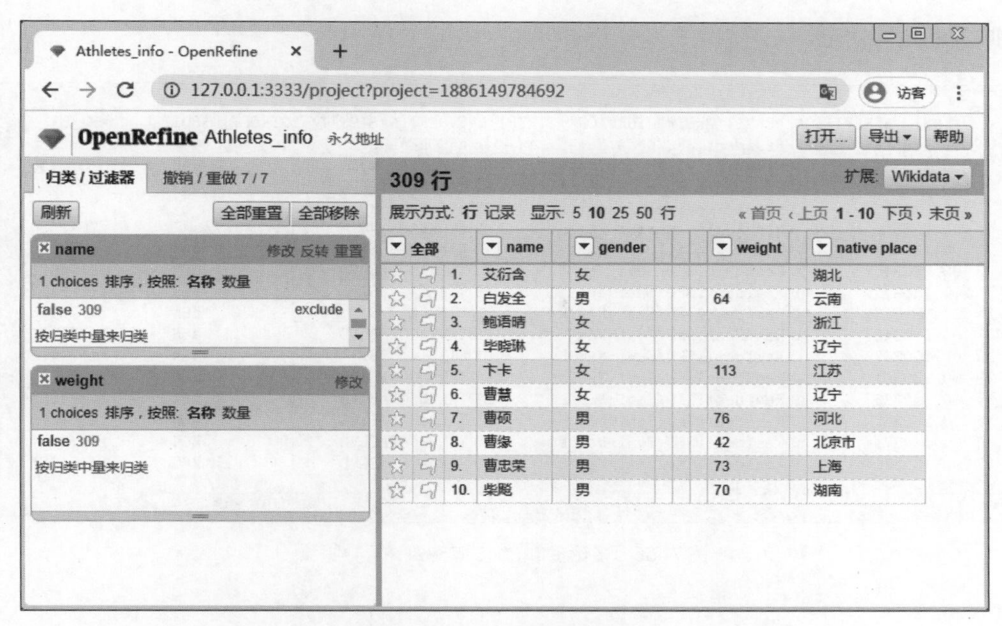

图 7-55 项目中的数据

7.5 案例——多伦多市建筑许可数据分析

多伦多（Toronto）位于加拿大安大略湖的西北沿岸，不仅是加拿大最大的城市、安大略省的省会，也是加拿大的政治、经济、文化和交通中心。多伦多市政府将大量数据通过官方网站提供给公众使用。本节结合本章讲过的知识，使用 OpenRefine 工具清理从官网下载的多伦多市 2018 年建筑许可数据集。

【分析目标】

本案例准备了多伦多市 2018 年建筑许可数据集和字段说明，分别将它们存储在 cleared-permits-2018-in-csv.zip 和 readme.xls 文件中。本案例要求使用 OpenRefine 工具清理多伦多市 2018 年建筑许可数据集，并实现以下目标。

（1）统计邮编为“M5M”且证书类型为“Plumbing”的许可证数量。

（2）统计哪个许可证的花费最高。

（3）统计哪个街道的许可证最多。

【数据获取】

在了解了分析目标之后，我们需要先看一下要清理的数据。多伦多市 2018 年建筑许可数据集如图 7-56 所示。

从图 7-56 中可以看出，表格首行是以英文显示的字段（标题）。为了更好地理解字段的含义，可打开 readme.xls 文件查看字段说明，如图 7-57 所示。

从图 7-57 中可以得到字段 POSTAL 为邮编、EST_CONST_COST 为预估固定花费、STREET_

NAME 为街道等信息。

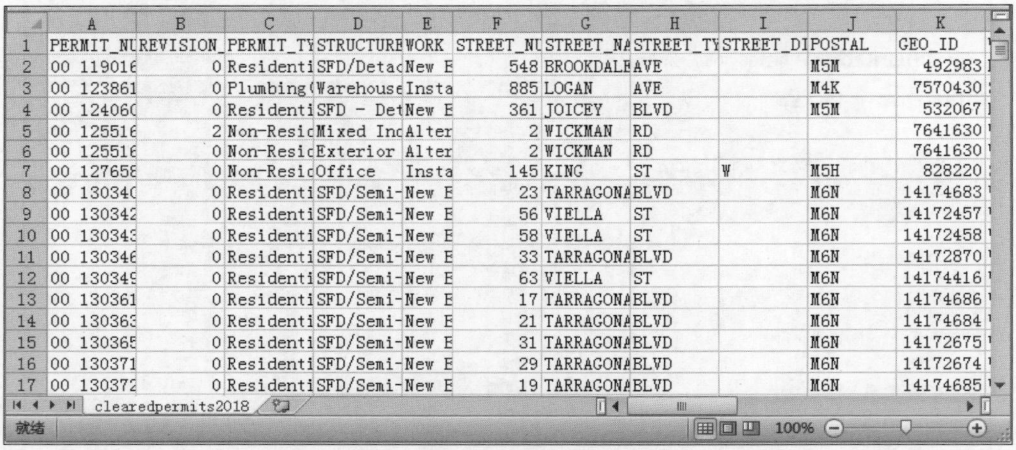

	A	B	C	D	E	F	G	H	I	J	K
1	PERMIT_NU	REVISION_	PERMIT_TY	STRUCTURE	WORK	STREET_NU	STREET_NA	STREET_TY	STREET_DI	POSTAL	GEO_ID
2	00 119016	0	Residenti	SFD/Detac	New E	548	BROOKDALE	AVE		M5M	492983
3	00 123861	0	Plumbing (	Warehouse	Insta	885	LOGAN	AVE		M4K	7570430
4	00 124060	0	Residenti	SFD - Det	New E	361	JOICEY	BLVD		M5M	532067
5	00 125516	2	Non-Resic	Mixed Inc	Alter	2	WICKMAN	RD			7641630
6	00 125516	0	Non-Resic	Exterior	Alter	2	WICKMAN	RD			7641630
7	00 127658	0	Non-Resic	Office	Insta	145	KING	ST	W	M5H	828220
8	00 130340	0	Residenti	SFD/Semi-	New E	23	TARRAGONA	BLVD		M6N	14174683
9	00 130342	0	Residenti	SFD/Semi-	New E	56	VIELLA	ST		M6N	14172457
10	00 130343	0	Residenti	SFD/Semi-	New E	58	VIELLA	ST		M6N	14172458
11	00 130346	0	Residenti	SFD/Semi-	New E	33	TARRAGONA	BLVD		M6N	14172870
12	00 130349	0	Residenti	SFD/Semi-	New E	63	VIELLA	ST		M6N	14174416
13	00 130361	0	Residenti	SFD/Semi-	New E	17	TARRAGONA	BLVD		M6N	14174686
14	00 130363	0	Residenti	SFD/Semi-	New E	21	TARRAGONA	BLVD		M6N	14174684
15	00 130365	0	Residenti	SFD/Semi-	New E	31	TARRAGONA	BLVD		M6N	14172675
16	00 130371	0	Residenti	SFD/Semi-	New E	29	TARRAGONA	BLVD		M6N	14172674
17	00 130372	0	Residenti	SFD/Semi-	New E	19	TARRAGONA	BLVD		M6N	14174685

clearedpermits2018

就绪　100%

图 7-56　多伦多市 2018 年建筑许可数据集

Toronto Building - Cleared Permits

ITEM NAME	说明	DESCRIPTION	FORMAT
PERMIT_NUM	证书编号	Last two digits of calendar year, plus IBMS-generated sequence	99 999999
REVISION_NUM	证书版本	Two digit number identifying revisions to permit application made after permit issuance	99
PERMIT_TYPE	许可类型	Text field describing the type of permit.	Eg Small Residential Projects; Building Addtions/Alterations
STRUCTURE_TYPE	建筑类型	Identifies that type of structure the application relates to.	Eg SFD- Detached; Apartment Building
EST_CONST_COST	预估固定花费		
WORK	工作描述	Overall description of the type of work covered by	
STREET_NUM	门牌号	Address – street number	99
STREET_NAME	街道	Address – street name	Upper Case
STREET_TYPE	街道类型	Address – street type	Eg AVE, ST, DR, RD
STREET_DIRECTION	街道描述	Address – street direction	Eg E, W, N, S

图 7-57　字段说明

【数据清理】

下面使用 OpenRefine 工具清理多伦多市 2018 年建筑许可数据集，具体步骤如下。

1. 创建项目

因为 OpenRefine 工具支持导入 ZIP 格式的文件，所以这里无须解压，直接将其导入 OpenRefine 工具即可。

导入多伦多市 2018 年建筑许可数据集，并创建一个名称为“clearedpermits2018”的项目，具体如图 7-58 所示。

2. 填充 REVISION_NUM 列中的缺失数据

这里使用 0 填充 REVISION_NUM 列中的缺失数据。打开 REVISION_NUM 列的下拉菜单，对该列数据执行文本归类操作后，页面左侧会显示 REVISION_NUM 列的归类窗口，具体如图 7-59 所示。

从图 7-59 中可以看出，REVISION_NUM 列中包含“XX”分类，该分类明显不符合证书版本格式。查看“XX”分类数据，如图 7-60 所示。

单击“XX”分类，对该分类中的 REVERSION_NUM 列中的缺失数据使用 0 进行填充，并单击【应用到所有相同单元格】按钮，如图 7-61 所示。

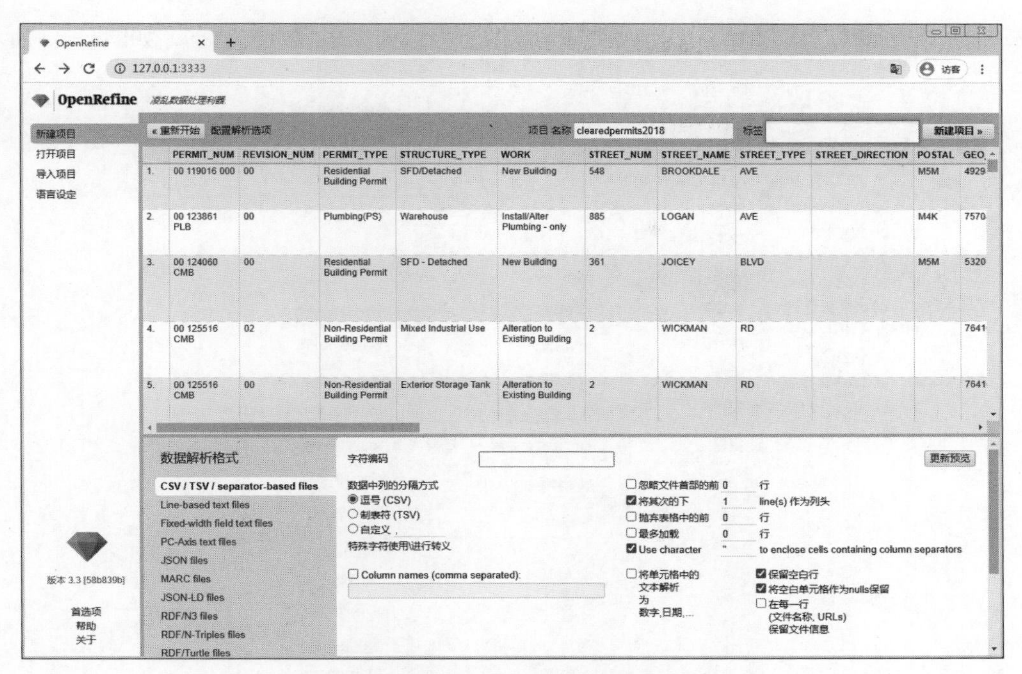

图 7-58　创建 clearedpermits2018 项目

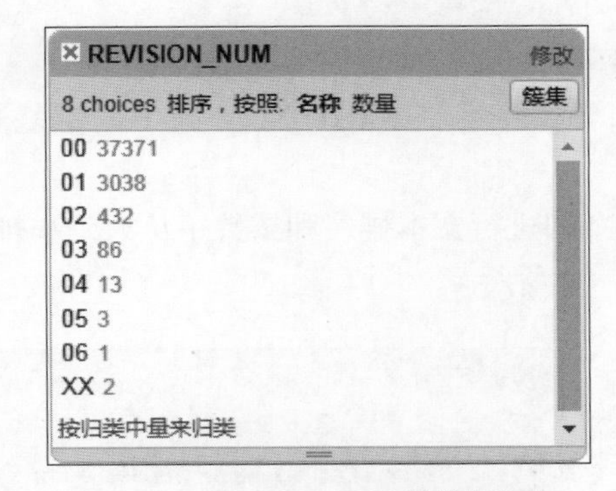

图 7-59　REVISION_NUM 列的归类窗口

图 7-60　查看“XX”分类数据

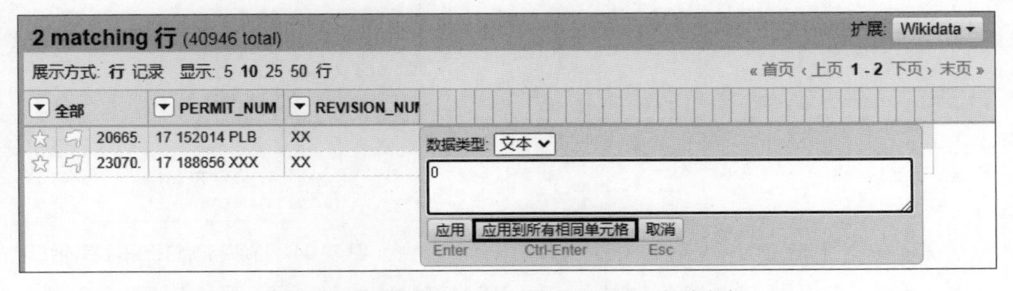

图 7-61　填充 REVERSION_NUM 列中的缺失数据

数据填充完毕之后，需要通过常用转换下的数字化操作，将 REVERSION_NUM 列中的数据转换为数字类型，如图 7-62 所示。

3. 移除 PERMIT_NUM 列中的重复数据

在多伦多市 2018 年建筑许可数据集中，一个证书版本（REVISION_NUM）对应着多个证书编号（PERMIT_NUM），因此会导致 PERMIT_NUM 列中出现重复数据，如图 7-63 所示。

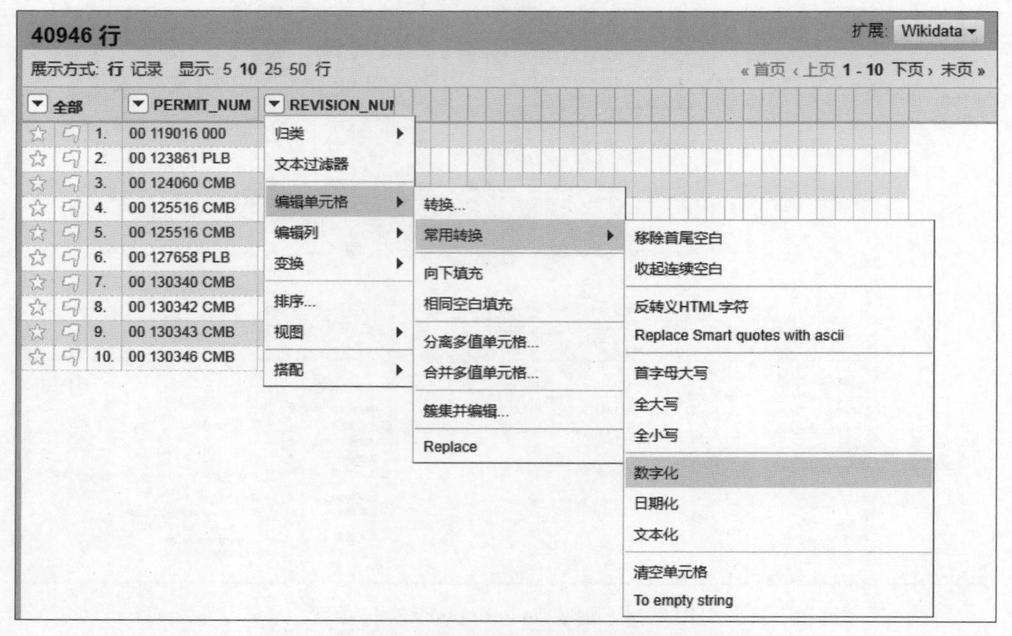

图 7-62　将 REVERSION_NUM 列中的数据转换为数字类型

从图 7-63 中可以看出，PERMIT_NUM 列中序号为 4 和 5 的数据为重复数据。

下面保留最新的证书版本及其对应的证书编号，并将 PERMIT_NUM 列中的重复数据删除，具体步骤如下。

首先，分别对 PERMIT_NUM 和 REVISION_NUM 列进行文本排序和按数字从大到小排序，并固定行顺序。排序和固定行顺序后的结果如图 7-64 所示。

40946 行

展示方式: 行 记录 显示: 5 10 25 50 行

全部	PERMIT_NUM	REVISION_NUI
1.	00 119016 000	0
2.	00 123861 PLB	0
3.	00 124060 CMB	0
4.	00 125516 CMB	2
5.	00 125516 CMB	0
6.	00 127658 PLB	0
7.	00 130340 CMB	0
8.	00 130342 CMB	0
9.	00 130343 CMB	0
10.	00 130346 CMB	0

图 7-63　PERMIT_NUM 列中的重复数据

40946 行

展示方式: 行 记录 显示: 5 10 25 50 行

全部	PERMIT_NUM	REVISION_NUI
1.	00 119016 000	0
2.	00 123861 PLB	0
3.	00 124060 CMB	0
4.	00 125516 CMB	2
5.	00 125516 CMB	0
6.	00 127658 PLB	0
7.	00 130340 CMB	0
8.	00 130342 CMB	0
9.	00 130343 CMB	0
10.	00 130346 CMB	0

图 7-64　排序和固定行顺序后的结果

其次，使用“相同空白填充”方式对 PERMIT_NUM 列中的重复数据进行填充，如图 7-65 所示。

然后，对图 7-65 中的 PERMIT_NUM 列执行“按空白归类（null 或空字符串）”归类操作，归类后的结果如图 7-66 所示。

40946 行

展示方式: 行 记录　显示: 5 10 25 50 行

全部			PERMIT_NUM	REVISION_NUI
☆	⊏	1.	00 119016 000	0
☆	⊏	2.	00 123861 PLB	0
☆	⊏	3.	00 124060 CMB	0
☆	⊏	4.	00 125516 CMB	2
☆	⊏	5.		0
☆	⊏	6.	00 127658 PLB	0
☆	⊏	7.	00 130340 CMB	0
☆	⊏	8.	00 130342 CMB	0
☆	⊏	9.	00 130343 CMedit	0
☆	⊏	10.	00 130346 CMB	0

图 7-65　填充 PERMIT_NUM 列中的重复数据

归类 / 过滤器　撤销 / 重做 4 / 4

刷新　全部重置　全部移除

PERMIT_NUM　修改

2 choices 排序，按照: 名称 数量

false 37372

true 3574

按归类中量来归类

40946 行

展示方式: 行 记录　显示: 5 10 25 50 行

全部			PERMIT_NUM	REVISION_NUI
☆	⊏	1.	00 119016 000	0
☆	⊏	2.	00 123861 PLB	0
☆	⊏	3.	00 124060 CMB	0
☆	⊏	4.	00 125516 CMB	2
☆	⊏	5.		0
☆	⊏	6.	00 127658 PLB	0
☆	⊏	7.	00 130340 CMB	0
☆	⊏	8.	00 130342 CMB	0
☆	⊏	9.	00 130343 CMB	0
☆	⊏	10.	00 130346 CMB	0

图 7-66　归类后的结果

最后，单击图 7-66 中的“true”，并移除所有匹配的行。删除重复数据后的 PERMIT_NUM 列如图 7-67 所示。

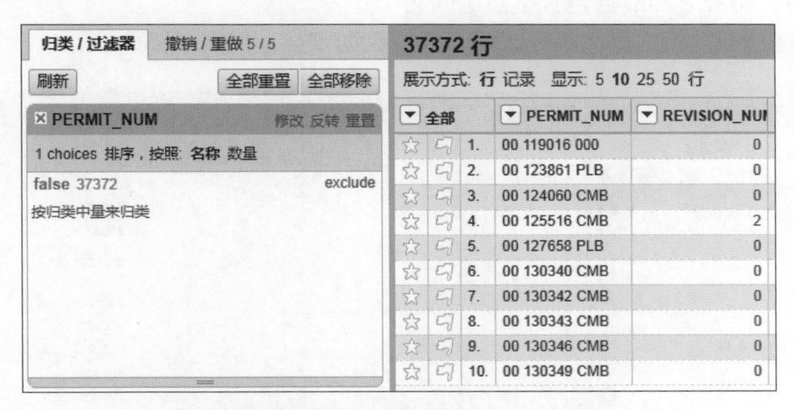

图 7-67　删除重复数据后的 PERMIT_NUM 列

从图 7-67 中可以看出，项目中删除重复数据后共有 37372 行数据。

4. 移除 STRUCTURE_TYPE 列中的空数据

若希望移除 STRUCTURE_TYPE 列中的空数据，首先需要对该列数据执行“按空白归类（null 或空字符串）”归类操作，归类后的结果如图 7-68 所示。

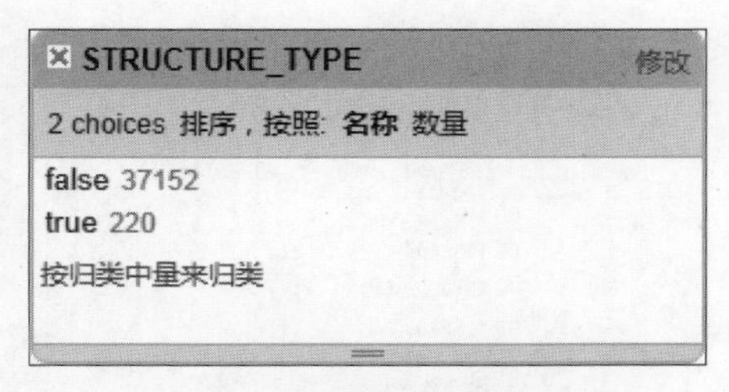

图 7-68 归类后的结果

从图 7-68 中可以看出，STRUCTURE_TYPE 列中的空数据有 220 条。此时，单击图 7-68 中的“true”，对 STRUCTURE_TYPE 列执行移除空数据的操作，具体如图 7-69 所示。

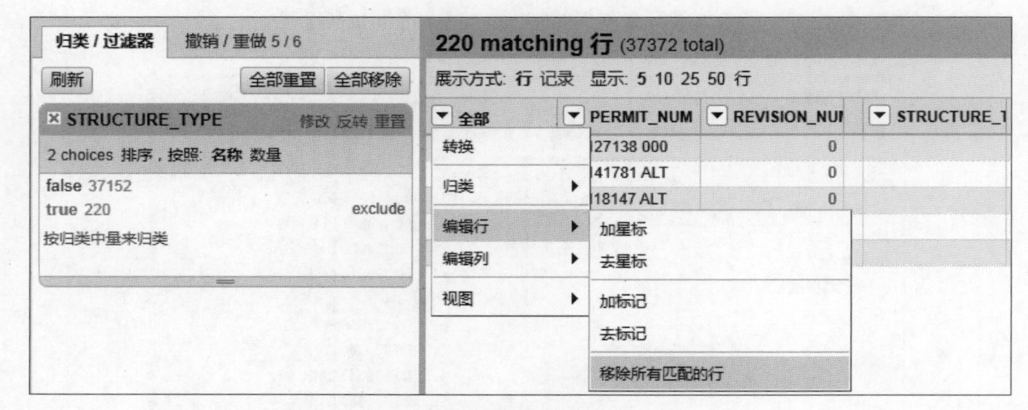

图 7-69 移除空数据

执行完成后，STRUCTURE_TYPE 列的空数据就会被全部删除。

5. 统一数据类型和格式

EST_CONST_COST 列表示估计固定花费，该列数据中包含非数字类型数据、空数据，以及存在数据格式不统一和数据包含空白等问题。

通过文本归类查看 EST_CONST_COST 列的数据归类，如图 7-70 所示。

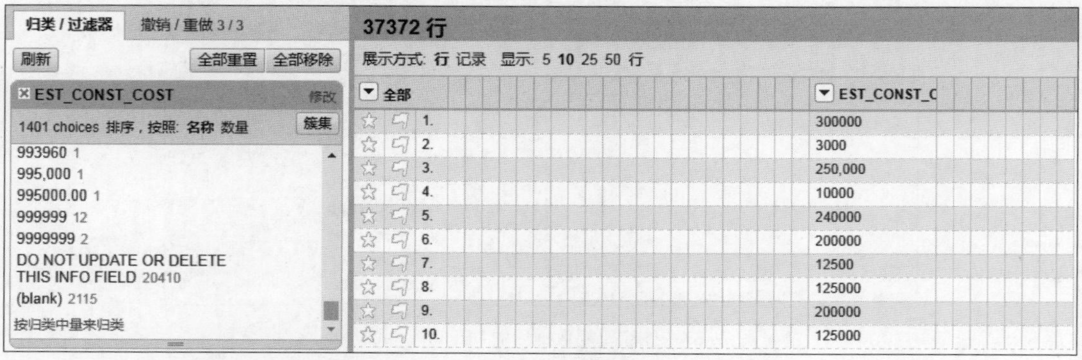

图 7-70 文本归类 EST_CONST_COST 列

对 EST_CONST_COST 列中的非数字类型数据和空数据使用 0 进行填充。以用 0 填充空数据为例，如图 7-71 所示。

EST_CONST_COST 列数据的格式区别主要是有的数据中包含逗号，有的数据中不包含逗号，这里统一将逗号移除。可在 OpenRefine 中使用 Python 表达式将逗号移除，如图 7-72 所示。

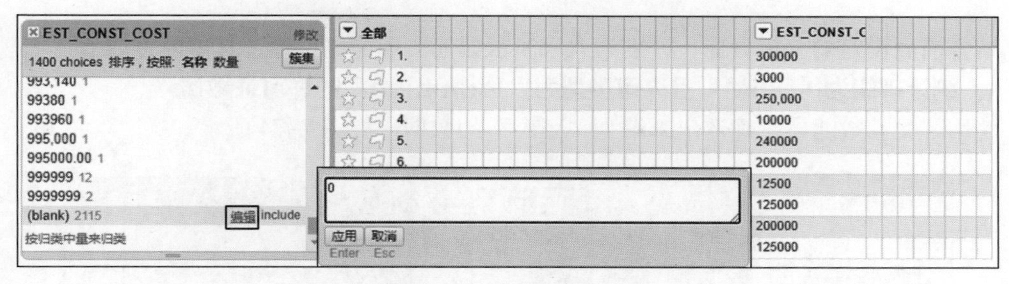

图 7-71　空数据填充为 0

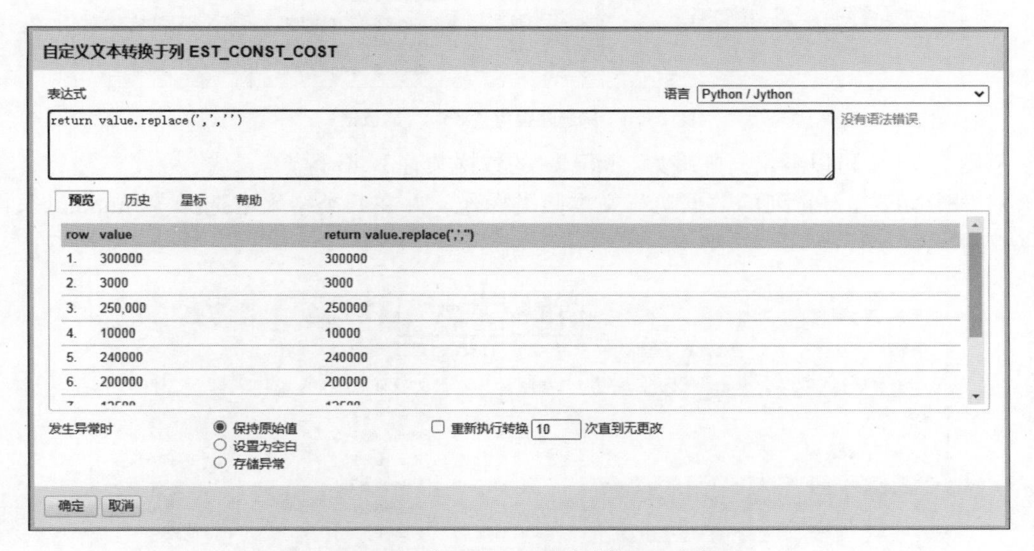

图 7-72　使用 Python 表达式将逗号移除

在图 7-72 中，使用 Python 表达式将数据中的逗号移除。若数据的首尾包含空白，则可以通过“常用转换”中的“移除首尾空白”命令实现。

因为 OpenRefine 读取 CSV 文件中的数据时会将数据以字符类型导入，所以还需对 EST_CONST_COST 列的数据执行数字化操作，如图 7-73 所示。

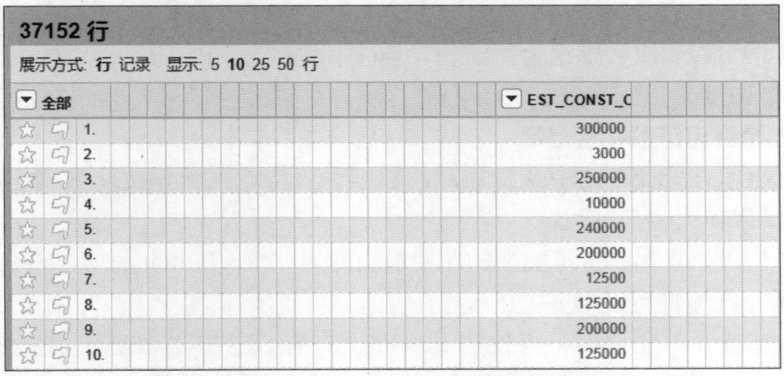

37152 行

展示方式: 行 记录　显示: 5 10 25 50 行

全部	EST_CONST_C
1.	300000
2.	3000
3.	250000
4.	10000
5.	240000
6.	200000
7.	12500
8.	125000
9.	200000
10.	125000

图 7-73　对 EST_CONST_COST 列的数据执行数字化操作

至此，多伦多市 2018 年建筑许可数据的清理工作已经完成。

【实现步骤】

结合前面设定的分析目标，分别为大家演示如何实现这些目标，具体内容如下。

1. 统计邮编为“M5M”且许可类型为“Plumbing”的许可证数量

使用“文本过滤器”筛选出邮编为“M5M”的数据，如图 7-74 所示。

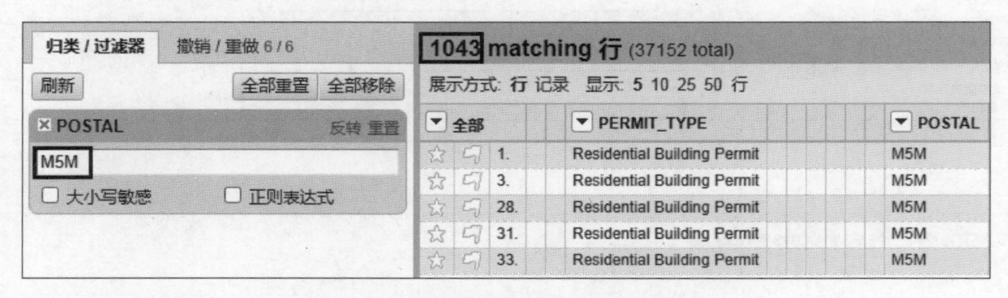

图 7-74 筛选邮编为“M5M”的数据

从图 7-74 中可以看出，邮编为“M5M”的数据共有 1043 行。

对 PERMIT_TYPE 列的数据执行文本归类操作，并在归类结果中选择“Plumbing”，如图 7-75 所示。

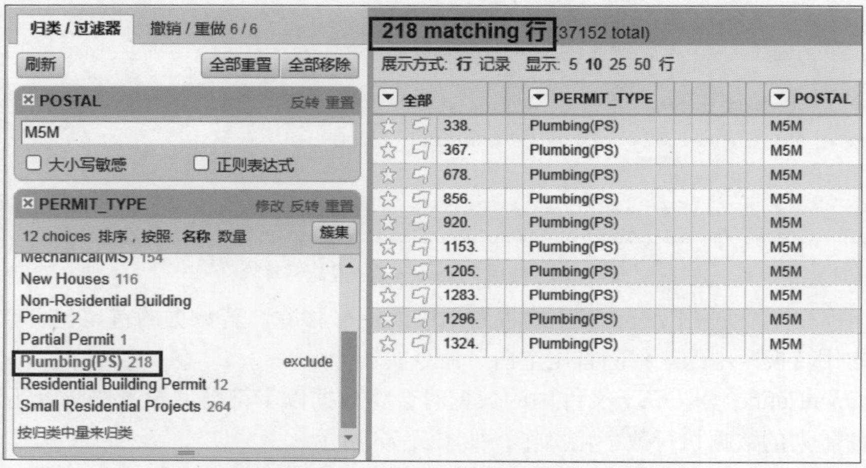

图 7-75 统计证书类型为“Plumbing”的数据

从图 7-75 中可以看出，邮编为“M5M”且证书类型为“Plumbing”的数据有 218 行，也就是说有 218 个许可证。

2. 统计哪个许可证的花费最高

统计 EST_CONST_COST 列中花费最高的数据，可将该列数据按从大到小的顺序进行排列。排序后的结果如图 7-76 所示。

从图 7-76 中可以看出，许可类型的花费最高的为“New Building”。

3. 统计哪个街道许可证最多

统计哪个街道许可证最多，可使用文本归类查看 STREET_NAME 列的归类结果，如图 7-77 所示。

全部	PERMIT_TYPE	EST_CONST_C
10404.	New Building	60000000
4474.	New Building	57750000
3549.	New Building	40000000
11599.	Building Additions/Alterations	40000000
2354.	New Building	36000000
5908.	New Building	34200000
5351.	New Building	31000000
6598.	New Building	31000000
3189.	New Building	28000000
15893.	Building Additions/Alterations	20500000

图 7–76　排序后的结果

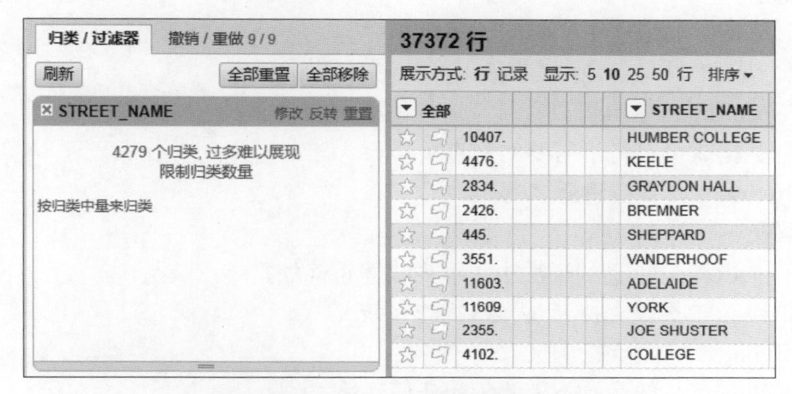

图 7–77　STREET_NAME 列的归类结果

从图 7–77 中可以看出，STREET_NAME 列的分类过多，导致 OpenRefine 无法完全显示。此时可通过“按归类中量来归类”缩小范围，将归类范围调整为 1,000.00—1,100.00，如图 7–78 所示。

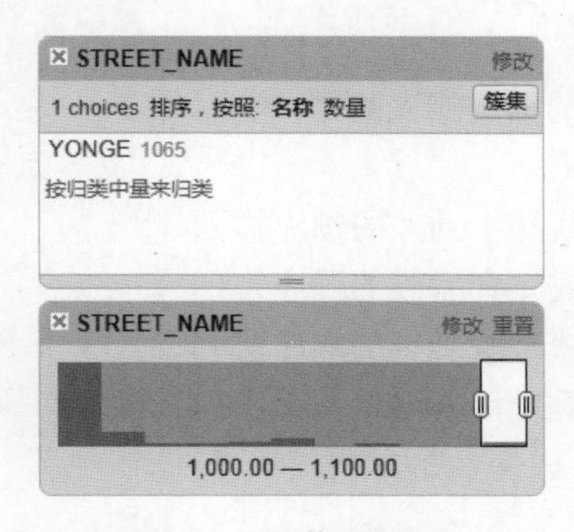

图 7–78　调整归类范围

从图 7–78 中可以看出，调整归类范围后许可证最多的街道为 YONGE。

7.6　本章小结

本章主要讲解了清理工具 OpenRefine 的相关知识，包括 OpenRefine 介绍、OpenRefine 的下载与安装、OpenRefine 的基本操作和进阶操作等。通过本章的学习，希望读者可以熟练地使用 OpenRefine 工具清理数据。

7.7 习题

一、填空题

1. OpenRefine 是一款免费、优秀的________清理工具。
2. OpenRefine 中数据归类操作主要包括文本归类、________、时间线归类和散点图归类。
3. 数据执行重复检测前，需要对数据执行________操作。
4. 通过________文件可以增加 OpenRefine 的内存空间。
5. OpenRefine 中的数据主要以行和________的形式展示。

二、判断题

1. OpenRefine 工具是使用 Python 开发的。(　　)
2. OpenRefine 工具完全是由 Google 公司自主研发的。(　　)
3. 使用 OpenRefine 工具可以直接读取压缩格式的文件。(　　)
4. 在清理数据时可以将不需要的列直接移除。(　　)
5. OpenRefine 工具支持重命名列。(　　)

三、选择题

1. 关于 OpenRefine 工具的说法中，下列描述正确的是（　　）。

A. OpenRefine 工具仅支持 Windows 操作系统
B. OpenRefine 工具不支持中文
C. OpenRefine 工具的运行不需要依赖任何环境
D. OpenRefine 工具支持从本地、指定网址以及数据库中导入数据

2. 下列选项中，不属于 OpenRefine 支持的导出数据格式的是（　　）。

A. .tsv　　B. .csv
C. .xlsx　　D. .txt

3. 关于 OpenRefine 排序的描述错误的是（　　）。

A. 仅支持数字排序
B. 数字值可按从大到小或从小到大的顺序排列
C. 布尔值可按先假后真或先真后假的顺序排列
D. 日期值可按从早到晚或从晚到早的顺序排列

4. 下列选项中，哪个属于 OpenRefine 工具支持的操作？（　　）

A. 归类　　B. 过滤
C. 编辑　　D. 以上均是

5. 下列选项中，关于数据转换说法错误的是（　　）。

A. 数据转换可以对数据进行数字化、文本化等操作
B. 数据转换可以使用自定义的表达式对数据进行处理
C. 数据转换只能将字符串转换为数字
D. 数据转换的表达式支持 Python

四、简答题

1. 简述 OpenRefine 工具的数据归类功能。
2. 简述 OpenRefine 工具的重复检测功能。

五、操作题

现有一份保存了 1000 多个口红数据的“口红数据 .xlsx”文件，使用 Excel 工具打开后该文件的部分内容如图 7–79 所示。

店名	描述分	价格分	质量分	服务分	标题	价格	总评价数	总销量	颜色	适合肤质
碧黛美妆专营店	4.64	4.59	4.63	4.66	想你同款 MAC魅可显色丰	¥155.48	542	1327	Candy Yum YumGirl About	所有肤质
碧黛美妆专营店	4.64	4.59	4.63	4.66	chanel香奈儿炫亮魅力丝	¥264.60	409	595	44# 歌剧名伶37# 纵情93	所有肤质
韩熙贞官方旗舰店	4.57	4.49	4.54	4.59	【第二支1元】韩熙贞浪漫	¥39.60	31620	9203	801樱花粉802桃粉色803橘	所有肤质
ILISYA化妆品旗舰店	4.60	4.53	4.57	4.63	送润唇膏ILISYA柔色不易沾	¥69.42	2507	1550	车厘子红魅惑大红浓橘红	所有肤质
黄婉婷的美妆店	4.52	4.43	4.48	4.54	【第二支9元】网红黄婉婷	¥39.90	0	2	蜜桃粉蔷薇粉慕斯红瓔珞	所有肤质
安妮珍选	4.50	4.47	4.45	4.53	【第二支0元】哑光不脱色	¥19.00	1516	17747	ZR08# 刘雯豆沙色ZR07#	所有肤质
尚佳人	4.54	4.49	4.52	4.57	【大热色这都有】哑光丝	¥20.16	3895	23496	03#橘红色04#玫瑰红05#复	所有肤质
美康粉黛旗舰店	4.51	4.44	4.48	4.55	美康粉黛持久保湿渐变咬	¥39.20	3837	10799	阳春白雪夕阳箫鼓梅花三	所有肤质
伊诗兰顿官方旗舰店	4.56	4.50	4.52	4.59	伊诗兰顿持久持久锁色保	¥19.92	534	3132	MGH6932401397653CCH69	所有肤质
韩熙贞官方旗舰店	4.57	4.49	4.54	4.59	【第二支1元】韩熙贞持久	¥38.72	28449	32192	新版815薰衣草色新版806	所有肤质
尚佳人	4.54	4.49	4.52	4.57	流行色！Gotales口红咬唇	¥28.00	45	615	01#复古大红02#橘红色03#	所有肤质
蜜糖美妆	4.61	4.55	4.59	4.65	韩国 爱丽小屋AD染色唇彩	¥28.00	17395	6905	升级版RD301 真我红升级	所有肤质
茉莉美妆	4.62	4.57	4.59	4.65	宋慧乔同款双色渐变口红	¥17.90	860	3798	01# 02# 03# 04# 05# 06	所有肤质
伊诗兰顿官方旗舰店	4.56	4.50	4.52	4.59	【买一得6支】伊诗兰顿口	¥19.92	3993	17270	白盒黑盒	所有肤质
鹿雅美妆	4.51	4.46	4.47	4.55	果冻不掉色口红 咬妆持久	¥24.00	1323	1651	01烈焰红02萝莉粉04芭比	所有肤质

图 7–79　“口红数据 .xlsx”文件的部分内容

下面对“口红数据 .xlsx”文件进行以下操作。

（1）检测“口红数据 .xlsx”中标题一列数据是否有重复值，若有重复数据，则删除。

（2）对数据中的口红价格按照从高到低的顺序进行排列。

（3）筛选出质量分在 4.3 分以上的韩国口红信息。

（4）统计总销量前 10 的店铺。

第8章

实战演练——数据分析师岗位分析

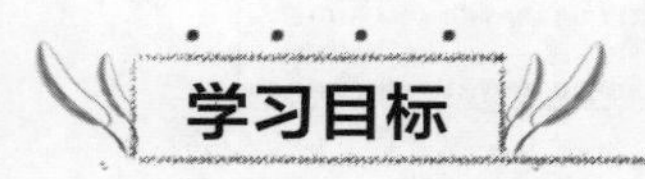

拓展阅读（8）

★熟悉项目的目标与思路

★了解数据分析的流程与 pyecharts 库

★熟练使用 pandas 处理数据

★熟练使用 pyecharts 绘制基础图表

随着大数据领域的不断拓展，海量数据已经全面地融入人们的工作与生活，基于海量数据进行分析的人才逐渐成为各企业追逐的“宠儿”。大数据这一热门行业衍生了众多与数据相关的岗位，在这些岗位中数据分析师岗位“脱颖而出”，受到业界人士的广泛关注。为了从多个角度了解数据分析师岗位的实际情况，本章从数据分析的角度出发，结合从招聘网站上收集的有关数据分析师岗位的数据，利用 pandas、pyecharts 库处理与展现数据，开发一个完整的数据分析项目。

8.1 知识精讲

在开发项目之前，我们需要先了解一些与数据分析相关的知识，从整个分析流程中了解数据预处理这一环节，并利用图表来展现数据。

8.1.1 数据分析的流程

数据分析是指运用适当的统计分析方法对收集的大量数据进行分析，将这些数据加以汇总、理解并消化，以实现最大化地开发数据的功能，发挥数据的作用。数据分析是为了提取有用的信息并形成结论。数据分析的流程如图 8-1 所示。

图 8-1 数据分析的流程

由图 8-1 可知，数据分析的流程分为 5 个环节。数据分析的流程中各环节的相关说明如下。

1. 明确目的和思路

在进行数据分析之前，我们必须先明确几个问题，即什么是数据对象，要解决什么业务问题，再根据对项目的理解整理出分析的框架与思路。不同项目对数据的要求不同，使用的分析手段也不同。

2. 数据收集

数据收集是按照确定的数据分析思路和框架，有目的地收集、整合相关数据的过程，它是数据分析的基础。

3. 数据预处理

数据预处理是指对收集到的数据进行清理与加工，以便后续能顺利地开展数据分析工作。数据预处理是数据分析前必不可少的环节，也是整个数据分析过程中最耗时的环节，在一定程度上保证了分析数据的质量。

4. 数据分析

数据分析是指通过分析手段、方法和技巧对准备好的数据进行探索、分析，从中发现因果关系和内部联系，为业务问题提供决策参考。

到了这个环节，要想驾驭数据并开展数据分析，就涉及数据分析工具和方法的使用，其一是要熟悉常规数据分析方法及原理，其二是要熟悉专业数据分析库的使用，如 pandas 等，以便进行数据统计、数据建模等。

5. 数据展现

俗话说“字不如表，表不如图”。通常情况下，数据分析的结果都会通过图表的方式进行展现，常用的图表包括饼图、折线图、条形图、散点图等。借助图表这种展现数据的方式，可以更加直观地让数据分析师表述想要呈现的信息、观点和建议。

8.1.2　使用 pyecharts 绘制图表

大部分数据是以文本或数值的形式显示的，这种形式的数据不仅让人感觉十分枯燥，而且无法让人直观地看到其中的关系和规律。为帮助用户快速地从数据中捕获信息，可以用图表形式的数据替代诸如文本或数值形式的数据，更好地向用户传递数据内部潜在的信息。

Python 中提供了众多绘制图表的库，包括 Matplotlib、seaborn、Bokeh、pyecharts 等。其中 pyecharts 是专门为绘制 Echarts 图表而研发的库，它绘制的 Echarts 图表可以流畅地运行到绝大部分的浏览器上，不仅外观生动形象，而且支持用户交互、高度个性定制。

在使用 pyecharts 进行开发之前，开发者需要先在本地计算机中安装 pyecharts。打开命令提示符窗口，在命令提示符后面输入命令“pip install pyecharts”。

以上命令执行后，若命令提示符窗口中出现“Successfully installed prettytable-0.7.2 pyecharts-1.5.1 simplejson-3.16.0”字样则表明 pyecharts 安装完成。

使用 pyecharts 绘制各种图表的过程大致相同，一般可分为 4 步：创建图表类对象、添加图表数据与系列配置项、添加图表全局配置项、渲染图表。下面对这 4 个步骤逐一进行介绍。

1. 创建图表类对象

pyecharts 库支持绘制 30 余种 Echarts 图表，该库针对每种图表均提供了相应的类，并将这些图表类封装到 pyecharts.charts 模块中。pyecharts.charts 模块的常用图表类如表 8-1 所示。

表 8-1 pyecharts.charts 模块的常用图表类

类	说明
Line	折线图
Bar	柱形图 / 条形图
Pie	饼图
Scatter	散点图
Boxplot	箱形图
Radar	雷达图
Map	统计地图
HeatMap	热力图

表 8-1 中列举的类均代表一种常见的图表，它们可使用与类同名的构造方法创建图表实例。以 Line 类为例，Line 类的构造方法的语法格式如下。

```
Line(init_opts=opts.InitOpts())
```

以上方法的 init_opts 参数表示初始化配置项，该参数需要接收一个 InitOpts 类对象，通过构建的 InitOpts 类对象可以为图表指定一些通用的属性，如背景颜色、画布大小等。

例如，创建一个主题风格为 ROMA 的 Line 类对象，代码如下。

```
line_demo = Line(init_opts=opts.InitOpts(theme=ThemeType.ROMA))
```

2. 添加图表数据与系列配置项

系列配置项是一些针对图表特定元素属性的配置项，包括图元样式、文本样式、标签、线条样式、标记样式、区域填充样式等，其中每个配置项都对应一个类。pyecharts 的系列配置项如表 8-2 所示。

表 8-2 pyecharts 的系列配置项

类	说明
ItemStyleOpts	图元样式配置项
TextStyleOpts	文本样式配置项
LabelOpts	标签配置项
LineStyleOpts	线条样式配置项
SplitLineOpts	分割线配置项
MarkPointOpts	标记点配置项
MarkLineOpts	标记线配置项
MarkAreaOpts	标记区域配置项
EffectOpts	涟漪特效配置项
AreaStyleOpts	区域填充样式配置项
SplitAreaOpts	分隔区域配置项
GridOpts	直角坐标系网格配置项

使用 add_xaxis()、add_yaxis() 或 add() 方法可以添加图表数据或系列配置项。以 Line 类的 add_yaxis() 方法为例，该方法的语法格式如下。

```
add_yaxis(self, series_name, y_axis, is_selected=True,
    is_connect_nones=False, xaxis_index=None, yaxis_index=None,
    color=None, is_symbol_show=True, symbol=None, symbol_size=4, ...)
```

add_yaxis() 方法的 series_name 参数表示系列的名称；y_axis 参数表示系列数据；is_symbol_show 参数表示是否显示标记及注释文本；symbol 参数表示标记，可以接收的取值有 'circle'（圆形）、'rect'（矩形）、'roundRect'（圆角矩形）、'triangle'（三角形）、'diamond'（菱形）、'pin'（大头针）、'arrow'（箭头）、None；symbol_size 参数表示标记的大小。

接下来，为前面创建的 line_demo 对象添加一组数据，并设置折线图的标记为菱形、标记大小为 10，代码如下。

```
line_demo.add_yaxis('', jobs_count.values.tolist(), symbol='diamond',
                    symbol_size=10)
```

3. 添加图表全局配置项

全局配置项是一些针对图表通用属性的配置项，包括初始化属性、标题组件、图例组件、工具箱组件、视觉映射组件、提示框组件、数据区域缩放组件，其中每个配置项都对应一个类。pyecharts 的全局配置项如表 8-3 所示。

表 8-3　pyecharts 的全局配置项

类	说明
InitOpts	初始化配置项
AnimationOpts	Echarts 画图动画配置项
ToolBoxFeatureOpts	工具箱工具配置项
ToolboxOpts	工具箱组件配置项
BrushOpts	区域选择组件配置项
TitleOpts	标题组件配置项
DataZoomOpts	数据区域缩放组件配置项
LegendOpts	图例组件配置项
VisualMapOpts	视觉映射组件配置项
TooltipOpts	提示框组件配置项
AxisLineOpts	坐标轴轴脊配置项
AxisTickOpts	坐标轴刻度配置项
AxisPointerOpts	坐标轴指示器配置项
AxisOpts	坐标轴配置项
SingleAxisOpts	单轴配置项
GraphicGroup	原生图形元素组件

表 8-3 中每个类都可以通过与之同名的构造方法创建实例，例如前面使用 InitOpts() 方法创建的 InitOpts 类对象。

若 pyecharts 需要为图表设置全局配置项（InitOpts 除外），则需要将全局配置项传入 set_global_opts() 方法。set_global_opts() 方法的语法格式如下。

```
set_global_opts(self, title_opts=opts.TitleOpts(),
    legend_opts=opts.LegendOpts(), tooltip_opts=None,
    toolbox_opts=None, brush_opts=None, xaxis_opts=None,
    yaxis_opts=None, visualmap_opts=None, datazoom_opts=None,
    graphic_opts=None, axispointer_opts=None)
```

set_global_opts() 方法的 title_opts 参数表示标题组件的配置项，接收一个 TitleOpts 类对象；yaxis_opts 参数表示 y 轴的配置项，接收一个 AxisOpts 类对象。

接下来，将前面创建的 line_demo 对象的图表标题设置为"折线图示例"，并设置 y 轴标签为"需求数量(个)"及其位置居中、间隙为 30，代码如下。

```
line_demo.set_global_opts(title_opts=opts.TitleOpts(
    title="数据分析师岗位的需求趋势"), yaxis_opts=opts.AxisOpts(
    name="需求数量（个）", name_location=" center" , name_gap=30)))
```

4. 渲染图表

图表可通过两种方法进行渲染——render() 和 render_notebook()，其中 render() 方法用于将图表渲染到 HTML 文件中；render_notebook() 方法用于将图表渲染到 Jupyter Notebook 工具中。

接下来，将 line_demo 对象渲染到 Jupyter Notebook 工具中，代码如下。

```
line_demo.render_notebook()
```

由于篇幅有限，大家可自行到 pyecharts 官网学习更多内容。

8.2 分析目标与思路

目标驱使行动，行动决定思路。在项目伊始，我们需要明确项目的目标，只有明确了目标，才能保证后期的行为不会偏离方向，否则得出的分析结果将没有任何指导意义。本项目共设立了以下 4 个分析目标。

（1）分析数据分析师岗位的需求趋势。

（2）分析数据分析师岗位的热门城市 Top10。

（3）分析不同城市数据分析师岗位的薪资水平。

（4）分析数据分析师岗位的学历要求。

在明确了分析目标之后，我们需要将项目目标分解到数据分析的各个环节，方便开发人员清楚自己在各环节应该开展哪些工作。本项目的实现思路如图 8-2 所示。

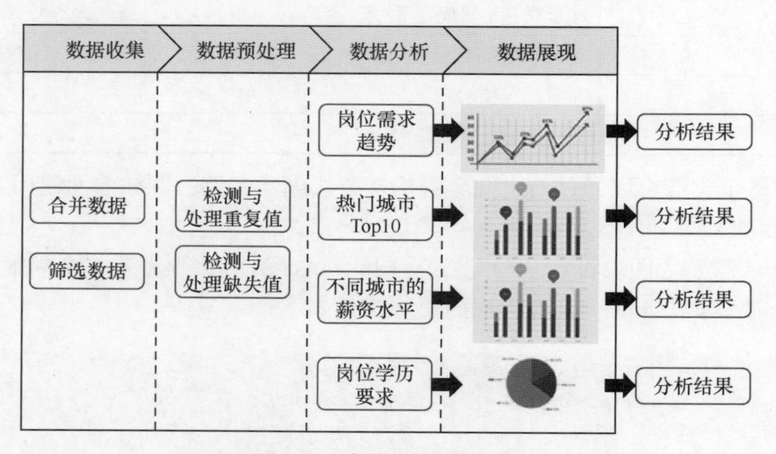

图 8-2 本项目的实现思路

8.3 数据收集

在开发项目之前，我们需要提前准备好待分析的数据。这里直接使用从天池网站上下载的一份有关数据分析师岗位的数据（从 2019 年 11 月初到 12 月初），将数据拆成两部分后分别保存至 lagou01.csv 和 lagou02.xlsx 文件中，使用 Excel 分别打开这两个文件，这两个文件的部分内容如图 8-3 和图 8-4 所示。

AW1451　fx　1号线(五根松)

	A	B	C	D	E	F	G	H	I	J	K
1		_id	adWord	appSho	approve	business2	city	companyFu	companyIc	companyLa	companyLc
2	0	5de5e7	9	0	1	['亦庄']	北京	达疆网络科	32836	['年底双薪	i/image2/
3	1	5de5e7	0	0	1		北京	北京音娱时	286568	['年底双薪	i/image2/
4	2	5de5e7	0	0	1	['西北旺'	北京	北京千喜鹤	278964	[]	i/image2/
5	3	5de5e7	0	0	0		北京	吉林省海生	399744	[]	images/lc
6	4	5de5e7	0	0	0	['大望路'	北京	韦博网讯科	580170	[]	i/image2/
7	5	5de5e7	0	0	1	['学院路'	北京	久爱致和	22130	['节日礼物	image1/MC
8	6	5de5e7	0	0	1	['酒仙桥'	北京	北京斑马天	568402	[]	i/image2/
9	7	5de5e7	0	0	1		北京	深圳瑞银信	176986	['带薪年假	i/image/M
10	8	5de5e7	0	0	1		北京	北京木瓜移	88	['五险一金	i/image/M

lagou01　就绪　100%

图 8-3　lagou01.csv 文件的部分内容

N18　fx　2019/12/3　11:37:00

	A	B	C	D	E	F	G	H	I
1		_id	adWord	appShow	approve	business2	city	companyFu	companyId
2	1599	5de5e8bc3	0	0	1		成都	成都懂你科	194331
3	1600	5de5e8bc3	0	0	1		成都	北京河狸家	25854
4	1601	5de5e8bc3	0	0	1		成都	中电健康云	357265
5	1602	5de5e8bc3	0	0	1		成都	美梦者（深	84493627
6	1603	5de5e8bc3	0	0	1		成都	美梦者（深	84493627
7	1604	5de5e8bc3	0	0	1		成都	成都九天月	347107
8	1605	5de5e8bc3	0	0	1		成都	北京金开互	516014
9	1606	5de5e8bc3	0	0	1		成都	成都桔芯科	85715052
10	1607	5de5e8bc3	0	0	1		成都	杭州云表汇	735403

lagou02　就绪　100%

图 8-4　lagou02.xlsx 文件的部分内容

观察图 8-3 和图 8-4 可知，两张表格中都有多列列标题相同的数据，但并非每列的数据都与数据分析目标有关。这里只需要保留与数据分析目标相关的部分列数据，包括 city、companyFullName、salary、companySize、district、education、firstType、positionAdvantage、workYear、createTime 等，这些列依次对应着城市、公司全称、薪资、公司规模、区、学历、第一类型、职位优势、工作经验和发布时间等。

接下来，使用 pandas 的 read_csv() 和 read_excel() 函数分别从 lagou01.csv 和 lagou02.xlsx 文件中读取数据，并从这些数据中过滤出与数据分析目标关联紧密的多列数据，代码如下。

```
In  []:   import time
          import pandas as pd
          from pyecharts.charts import Bar, Line, Pie
          from pyecharts import options as opts
          from pyecharts.globals import SymbolType, ThemeType
          # 读取lagou01.csv文件中的数据
          recruit_obj = pd.read_csv(r'C:\Users\admin\Desktop\lagou01.csv',
                                    encoding='gbk')
```

```
# 过滤与分析目标无关的数据，保留有关的数据
new_df_01 = pd.DataFrame([recruit_obj['city'],
recruit_obj['companyFullName'], recruit_obj['salary'],
recruit_obj['companySize'], recruit_obj['district'],
recruit_obj['education'], recruit_obj['firstType'], recruit_
obj['positionAdvantage'], recruit_obj['workYear'],
recruit_obj['createTime']]).T
new_df_01.head(5)
```

```
Out []:    city companyFullName              salary    ... workYear createTime
         0 北京   达疆网络科技（上海）有限公司 15k-30k  ... 3-5年   2019/12/2 20:38
         1 北京   北京音娱时光科技有限公司     10k-18k  ...  1-3年  2019/12/3 11:23
         2 北京   北京千喜鹤餐饮管理有限公司    20k-30k  ... 3-5年   2019/12/3 10:35
         3 北京   吉林省海生电子商务有限公司    33k-50k  ... 3-5年   2019/12/3 10:35
         4 北京   韦博网讯科技（北京）有限公司 10k-15k  ... 1-3年   2019/12/3 12:10
         [5 rows x 10 columns]
```

```
In  []:  # 读取lagou02.xlsx文件中的数据
recruit_obj2 = pd. read_excel(r'C:\Users\admin\Desktop\
lagou02.xlsx')
new_df_02 = pd.DataFrame( [recruit_obj2['city'], recruit_obj2['companyFullName'],
recruit_obj2['salary'],
    recruit_obj2['companySize'], recruit_obj2['district'],
recruit_obj2['education'], recruit_obj2['firstType'],
recruit_obj2['positionAdvantage'], recruit_obj2['workYear'],
recruit_obj2['createTime']]).T
new_df_02.head(5)
```

```
Out []:    city companyFullName          salary ... workYear    createTime
         0 成都  成都懂你科技有限公司          2k-4k ...应届毕业生 1574634300000000000
         1 成都  北京河狸家信息技术有限公司 2k-4k ... 应届毕业生1575306180000000000
         2 成都  中电健康云科技有限公司        8k-16k ...1-3年     1575307620000000000
         3 成都  美梦者（深圳）床具有限公司 2k-4k ...应届毕业生 1575305400000000000
         4 成都  美梦者（深圳）床具有限公司 3k-6k  ...1-3年      1575305340000000000
          [5 rows x 10 columns]
```

观察两次输出结果可知，从 lagou01.csv 文件读取的数据中 createTime 列是以“年 / 月 / 日 : 时 : 分”格式显示的日期数据，从 lagou02.xlsx 文件读取的数据中 createTime 列是以“距 1970 年的纳秒数”格式显示的日期数据，出现了数据值冲突的问题。

现需要将 createTime 列的数据统一成以“年 / 月 / 日 时 : 分 : 秒”格式显示的时间序列类型的数据，代码如下。

```
In  []:  new_df_01['createTime'] = pd.to_datetime(new_df_01['createTime'])
         new_df_02['createTime'] = pd.to_datetime(new_df_02['createTime'])
         new_df_02.head(5)
```

```
Out []:    city companyFullName  salary    ... workYear  createTime
         0  成都 成都懂你科技有限公司     2k-4k  ... 应届毕业生   2019-11-24 22:25:00
         1  成都 北京河狸家信息技术有限公司 2k-4k ... 应届毕业生 2019-12-02 17:03:00
         2  成都 中电健康云科技有限公司    8k-16k  ... 1-3年      2019-12-02 17:27:00
         3  成都 美梦者（深圳）床具有限公司 2k-4k  ... 应届毕业生 2019-12-02 16:50:00
         4  成都 美梦者（深圳）床具有限公司 3k-6k  ... 1-3年     2019-12-02 16:49:00
         [5 rows x 10 columns]
```

采用上下堆叠的方式合并 new_df_01 和 new_df_02，将所有列索引的名称替换成中文名称，以帮助读者直观地了解各列数据的信息，代码如下。

```
In  []:  # 采用上下堆叠的方式合并数据
         final_df = pd.concat([new_df_01, new_df_02], ignore_index=True)
         # 给final_df重新设置列索引的名称
         final_df = final_df.rename(columns={'city':'城市',
             'companyFullName':'公司全称', 'salary':'薪资',
             'companySize':'公司规模', 'district':'区', 'education':'学历',
             'firstType':'第一类型', 'positionAdvantage':'职位优势',
             'workYear':'工作经验', 'createTime':'发布时间'})
         final_df.head(5)
Out  []:     城市              公司全称       薪资   ...  工作经验           发布时间
         0   北京  达疆网络科技（上海）有限公司  15k-30k  ...       3-5年 2019-12-02 20:38:00
         1 北京  北京音娱时光科技有限公司  10k-18k  ...  1-3年 2019-12-03 11:23:00
         2 北京  北京千喜鹤餐饮管理有限公司  20k-30k  ...  3-5年 2019-12-03 10:35:00
         3 北京  吉林省海生电子商务有限公司  33k-50k  ...  3-5年 2019-12-03 10:35:00
         4 北京  韦博网讯科技（北京）有限公司  10k-15k ...  1-3年 2019-12-03 12:10:00
         [5 rows x 10 columns]
```

至此，项目所需的数据已经准备完毕。

8.4　数据预处理

尽管从网站上采集的数据是比较规整的，但仍可能会存在一些问题，以至于无法直接被应用到数据分析中。为增强数据的可用性，我们需要对前面准备的数据进行一系列的数据清理操作，包括检测与处理重复值、检测与处理缺失值。

在进行数据清理之前，我们先使用 info() 方法查看当前准备的整组数据的具体信息，代码如下。

```
In  []:  # 查看整组数据的信息
         final_df.info()
         <class 'pandas.core.frame.DataFrame'>
         RangeIndex: 3142 entries, 0 to 3141
         Data columns (total 10 columns):
          #   Column  Non-Null Count  Dtype
         ---  ------  --------------  -----
          0   城市      3142 non-null   object
          1   公司全称    3142 non-null   object
          2   薪资      3142 non-null   object
          3   公司规模    3142 non-null   object
          4   区       3135 non-null   object
          5   学历      3142 non-null   object
          6   第一类型    3142 non-null   object
          7   职位优势    3142 non-null   object
          8   工作经验    3142 non-null   object
```

```
 9   发布时间    3142 non-null   datetime64[ns]
dtypes: datetime64[ns](1), object(9)
memory usage: 245.6+ KB
```

从输出结果中可以看出，整组数据共有 3142 行 10 列，除“发布时间”列之外，其余列的数据类型均为 object 类型；“区”列的数据数量与其他列不同，说明该列可能存在缺失值。由于整组数据中没有数值型的数据，因此此处不再检测异常值。下面分别对检测与处理重复值、检测与处理缺失值进行介绍。

1. 检测与处理重复值

使用 duplicated() 方法检测 final_df 对象中是否包含重复值，并返回包含重复值的数据，代码如下。

```
In  []:  # 检测重复值
         final_df[final_df.duplicated().values==True]
Out  []:     城市          公司全称                    ...  工作经验         发布时间
         13  北京  贝壳找房（北京）科技有限公司          ...  5-10年 2019-12-03 10:29:00
         14  北京  达疆网络科技（上海）有限公司          ...  3-5年  2019-12-02 20:38:00
         75  北京  微梦创科网络科技（中国）有限公司 ...  3-5年  2019-12-03 11:07:00
         90  北京  元保数科（北京）科技有限公司        ...  1-3年  2019-12-03 09:59:00
         135 北京  北京云动九天科技有限公司            ...  5-10年 2019-12-03 11:27:00
         ...  ...     ...                               ...   ...      ...
         3027 苏州  苏州瑞鹏信息技术有限公司          ...  1-3年 2019-11-29 14:08:00
         3033 苏州  苏州瑞翼信息技术有限公司          ...  3-5年 2019-11-20 10:58:00
         3044 苏州  苏州艾尼斯教育科技有限公司        ...  5-10年 2019-11-19 15:29:00
         3060 苏州  苏州问候软件有限公司              ...  3-5年 2019-11-18 09:20:00
         3098 天津  北京字节跳动科技有限公司          ...  3-5年 2019-11-25 20:57:00
         [242 rows x 10 columns]
```

从输出结果可以看出，整组数据中共有 242 个重复值。由于以上这些重复值对分析工作没有任何参考价值，因此需要通过删除重复值的方式进行处理。使用 drop_duplicates() 方法删除重复值，代码如下。

```
In  []:  final_df = final_df.drop_duplicates()
         final_df
Out  []:     城市          公司全称                    ...    工作经验      发布时间
         0   北京  达疆网络科技（上海）有限公司    ...    3-5年 2019-12-02 20:38:00
         1   北京  北京音娱时光科技有限公司        ...    1-3年 2019-12-03 11:23:00
         2   北京  北京千喜鹤餐饮管理有限公司      ...    3-5年 2019-12-03 10:35:00
         3   北京  吉林省海生电子商务有限公司      ...    3-5年 2019-12-03 10:35:00
         4   北京  韦博网讯科技（北京）有限公司    ...    1-3年 2019-12-03 12:10:00
         ...   ...                ...  ...          ...                ...
         3137  天津  清博津商（天津）教育科技有限公司  ...  应届毕业生 2019-11-13 15:55:00
         3138  天津  上海礼紫股权投资基金管理有限公司  ...      不限 2019-11-04 09:02:00
         3139  天津  北京达佳互联信息技术有限公司  ...  3-5年 2019-12-03 10:16:00
         3140  天津  北京河狸家信息技术有限公司    ...  不限 2019-12-02 17:03:00
         3141  天津  北京河狸家信息技术有限公司  ...  应届毕业生 2019-12-02 17:03:00
         [2900 rows x 10 columns]
```

与上一次输出的数据总行数相比，可以明显地看到当前数据的数量减少了。

2. 检测与处理缺失值

使用 isna() 方法检测 final_df 对象中是否包含缺失值，并返回包含缺失值的数据，代码如下。

```
In  []:  # 检测缺失值
         final_df[final_df.isna().values==True]
Out []:        城市            公司全称                薪资        公司规模       区   ...
         28    北京  途家网网络技术（北京）有限公司  25k-50k   500-2000人   NaN  ...
         32    北京  北京千喜鹤餐饮管理有限公司      30k-50k   2000人以上   NaN  ...
         98    北京  时空幻境（北京）科技有限公司    25k-35k   150-500人    NaN  ...
         1259  杭州  杭州缦图摄影有限公司            11k-18k   2000人以上   NaN  ...
         1514  成都  成都巨枫娱乐有限公司            6k-10k    少于15人     NaN  ...
         1515  成都  广西博大胜任信息技术有限公司    7k-12k    150-500人    NaN  ...
         2146  武汉  广西博大胜任信息技术有限公司    7k-12k    150-500人    NaN  ...
         [7 rows x 10 columns]
```

从输出结果可以看出，“区”这一列存在若干个缺失值。由于该列数据对前期设定的分析目标没有直接影响，这里统一用“未知”替换缺失值。使用 fillna() 方法将缺失值替换为“未知”，代码如下。

```
In  []:  # 填充一个指定的值
         final_df = final_df.fillna('未知')
```

以前面包含缺失值的一行数据进行验证。例如，访问 final_df 对象中索引为 28 的一行数据，代码如下。

```
In  []:  final_df.loc[28]
Out []:  城市                      北京
         公司全称      途家网网络技术（北京）有限公司
         公司规模             500-2000人
         区                        未知
         学历                      本科
         第一类型           开发|测试|运维类
         职位优势             大平台、六险一金
         工作经验                5-10年
         发布时间           2019-12-03
         薪资最小值                  25
         薪资最大值                  50
         薪资平均值                37.5
         Name: 28, dtype: object
```

从输出结果可以看出，缺失值已经被成功地替换了。

8.5 数据分析与展现

8.5.1 分析展现数据分析师岗位的需求趋势

若希望了解数据分析师岗位的需求趋势，需要对近一个月每天的岗位招聘总数量进行统计。为直观地看到岗位的需求趋势，这里会将统计的数据绘制成折线图。

由于“发布时间”列的数据是以“年/月/日 时:分:秒”格式显示的日期，这里首先需要对该列数据进行处理，使之转换成以“年/月/日”格式显示的日期，代码如下。

```
In  []:   final_df['发布时间'] = final_df['发布时间'].dt.strftime('%Y-%m-%d')
          final_df.head(10)
Out  []:     城市              公司全称              薪资     ...  工作经验   发布时间
          0  北京  达疆网络科技（上海）有限公司  15k-30k   ...  3-5年    2019-12-02
          1  北京  北京音娱时光科技有限公司      10k-18k   ...  1-3年    2019-12-03
          2  北京  北京千喜鹤餐饮管理有限公司    20k-30k   ...  3-5年    2019-12-03
          3  北京  吉林省海生电子商务有限公司    33k-50k   ...  3-5年    2019-12-03
          4  北京  韦博网讯科技（北京）有限公司  10k-15k   ...  1-3年    2019-12-03
          5  北京  久爱致和（北京）科技有限公司  6k-8k     ...  1年以下  2019-12-03
          6  北京  北京斑马天下教育科技有限公司  10k-20k   ...  1-3年    2019-12-03
          7  北京  深圳瑞银信信息技术有限公司    10k-20k   ...  不限     2019-12-03
          8  北京  北京木瓜移动科技股份有限公司  15k-25k   ...  3-5年    2019-12-03
          9  北京  北京京东世纪贸易有限公司      15k-25k   ...  5-10年   2019-12-03
          [10 rows x 10 columns]
```

然后，将 final_df 对象中相同日期划分为一组，统计每组数据的总数量，进而计算出招聘市场上每日对数据分析师岗位的需求数量，代码如下。

```
In  []:   # 将相同日期划分为一组，并统计每组中"城市"一列的数量，以得到需求数量
          jobs_count = final_df.groupby(by="发布时间").agg({'城市':'count'})
          print(jobs_count.head(10))
Out  []:              城市
          发布时间
          2019-11-03  10
          2019-11-04  23
          2019-11-05  19
          2019-11-06  23
          2019-11-07  23
          2019-11-08  27
          2019-11-09   9
          2019-11-10   1
          2019-11-11  41
          2019-11-12  45
```

最后，为方便读者直观地看到数据分析师岗位的需求状况，我们根据以上数据使用 pyecharts 库绘制一个折线图，通过绘制的折线图反映数据分析师岗位随时间变化的需求趋势，

其中折线图的纵坐标代表需求数量 (个)，横坐标代表日期。代码如下。

```
In  []:    line_demo = (
               Line(init_opts=opts.InitOpts(theme=ThemeType.ROMA))
               # 添加x轴的数据、y轴的数据、系列名称
               .add_xaxis(jobs_count.index.tolist())
               .add_yaxis('', jobs_count.values.tolist(), symbol='diamond',
                          symbol_size=10)
               # 设置标题
               .set_global_opts(title_opts=opts.TitleOpts(
                                title="数据分析师岗位的需求趋势"),
                                yaxis_opts=opts.AxisOpts(name="需求数量 ( 个)",
                                name_location="center", name_gap=30))
           )
           line_demo.render_notebook()
```

运行代码，绘制反映数据分析师岗位需求趋势的图表，结果如图 8-5 所示。

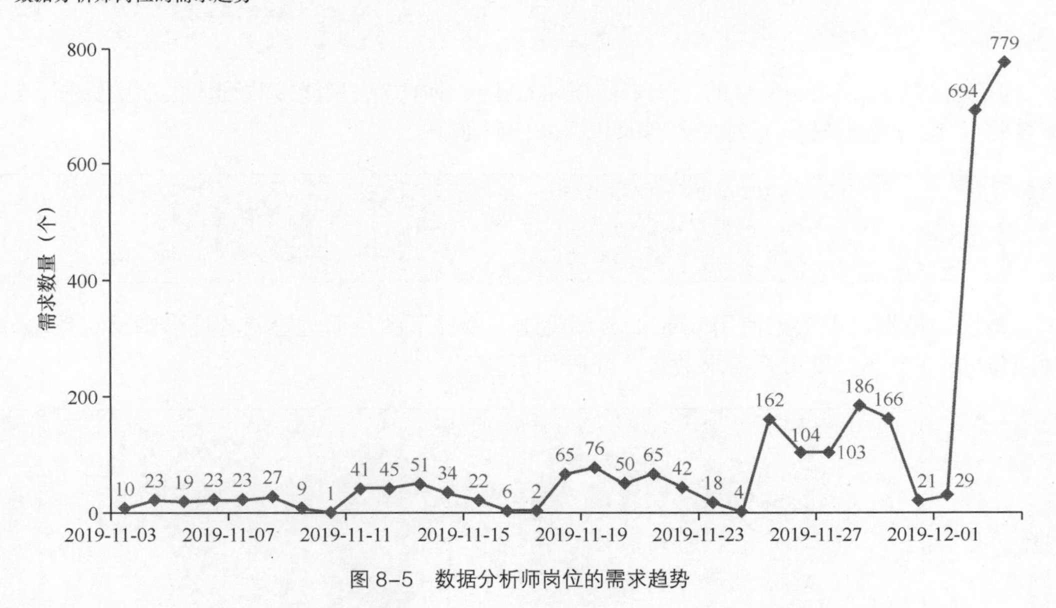

图 8-5　数据分析师岗位的需求趋势

由图 8-5 可知，从 2019 年 11 月 3 日到 2019 年 11 月 23 日对应的折线呈上下波动的趋势，从 2019 年 11 月 23 日到 2019 年 12 月 1 日对应的折线呈先上下波动再快速上升的趋势，说明在这一时间段内市场上对数据分析师岗位的需求变大。

8.5.2　分析展现数据分析师岗位的热门城市 Top10

若希望了解数据分析师岗位的热门城市，需要对近一个月不同城市每天的岗位招聘总数量进行统计。为直观地看到数据分析师岗位的需求数量，这里会将统计的数据绘制成柱形图，并在该图中柱形条的上方标注出具体的数值。

首先，计算 final_df 对象中“城市”一列数据的不同值的总数量，得出每个城市对数据分析师岗位的需求总数量，代码如下。

```
In  []:   city_num = final_df['城市'].value_counts()
          city_num.head()
Out  []:  成都    416
          武汉    392
          北京    366
          上海    345
          深圳    253
          南京    228
          广州    172
          西安    164
          长沙    148
          厦门    131
          杭州    117
          苏州     94
          天津     74
          Name: 城市, dtype: int64
```

其次，由于 pyecharts 库的 add_xaxis() 和 add_yaxis() 方法只能接收列表类型的数据，这里需要将前 10 个数据转换为列表类型的数据，代码如下。

```
In  []:   # 将前10个数据转换为列表类型的数据
          city_values = city_num.values[:10].tolist()
          city_index = city_num.index[:10].tolist()
```

最后，根据以上数据使用 pyecharts 库绘制一个柱形图，通过绘制的柱形图反映数据分析师岗位的 10 个热门城市及需求数量，代码如下。

```
In  []:   bar_demo = (
              Bar()
              # 添加x轴的数据、y轴的数据、系列名称
              .add_xaxis(city_index)
              .add_yaxis("",city_values)
              # 设置标题
              .set_global_opts(title_opts=opts.TitleOpts(
                   title='数据分析师岗位的热门城市Top10'),
                   xaxis_opts=opts.AxisOpts(
                     axislabel_opts=opts.LabelOpts(rotate=-15)),
                   visualmap_opts=opts.VisualMapOpts(max_=450),
                   yaxis_opts=opts.AxisOpts(name="需求数量 (个)",
                   name_location="center", name_gap=30))
          )
          bar_demo.render_notebook()
```

运行代码，绘制反映数据分析师岗位的热门城市 Top10 的图表，如图 8-6 所示。

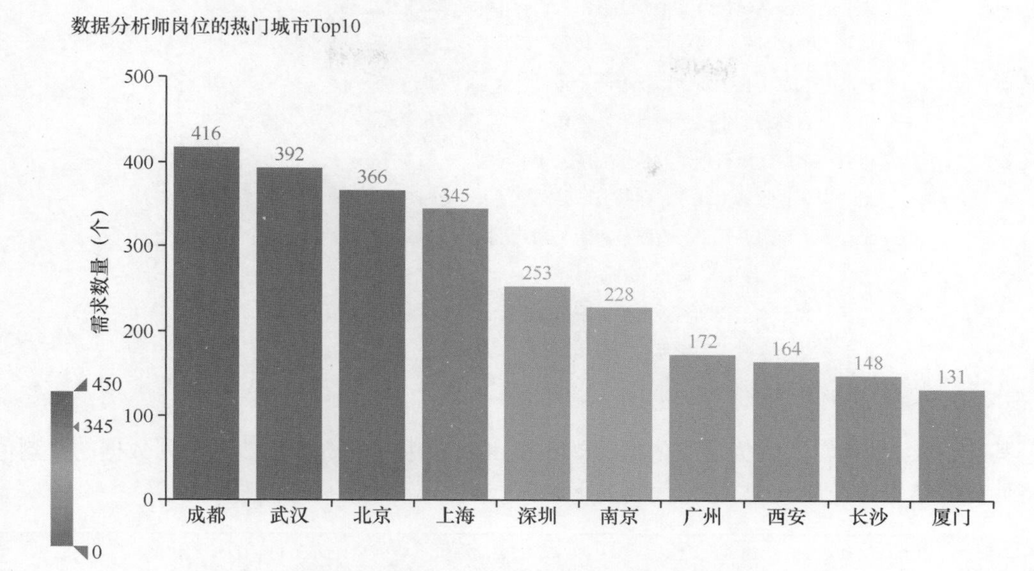

图 8-6　数据分析师岗位的热门城市 Top10

由图 8-6 可知，北京市、成都市、武汉市对应的柱形条明显高于其他城市对应的矩形条，说明这几个城市对数据分析师岗位的需求较大，平均需求数量大约为 400。

8.5.3　分析展现不同城市数据分析师岗位的薪资水平

若希望了解不同城市的数据分析师岗位的薪资水平，需获得不同城市的数据分析师岗位的薪资平均值。为直观地看到不同城市数据分析师岗位的薪资水平，这里会将统计的数据绘制成柱形图，并将获得的平均值标注到柱形条的上方。

首先，观察 final_df 对象中“薪资”一列数据可知，该列数据是以“最小值 K- 最大值 K”或“最小值 k- 最大值 k”形式表示的，此时需要将这两种形式的数据统一成“最小值 k- 最大值 k”，再获取其中的最大值和最小值，并将其插入 final_df 对象的末尾一列，同时也插入根据最大值和最小值求得的薪资平均值，删除“薪资”一列，代码如下。

```
In  []:  # 将数据里面的大写字母K转化为小写字母k
         final_df['薪资'] = final_df['薪资'].str.lower().fillna(" ")
         # 增加两列，一列是薪资范围的最大值，一列是薪资范围的最小值
         final_df["薪资最小值"] = final_df["薪资"].str.extract(
                                     r'(\d+)').astype(int)
         final_df["薪资最大值"] = final_df["薪资"].str.extract(
                                     r'\-(\d+)').astype(int)
         average_df = final_df[["薪资最小值", "薪资最大值"]]
         final_df["薪资平均值"] = average_df.mean(axis=1)
         final_df.drop(columns=["薪资"], inplace=True)
         final_df.head(10)
```

```
Out  []:      城市          公司全称       ...   发布时间  薪资最小值  薪资最大值  薪资平均值
         0  北京  达疆网络科技（上海）有限公司  ...  2019-12-02    15    30   22.5
         1  北京  北京音娱时光科技有限公司     ...  2019-12-03    10    18   14.0
         2  北京  北京千喜鹤餐饮管理有限公司   ...  2019-12-03    20    30   25.0
         3  北京  吉林省海生电子商务有限公司   ...  2019-12-03    33    50   41.5
         4  北京  韦博网讯科技（北京）有限公司  ...  2019-12-03    10    15   12.5
         5  北京  久爱致和（北京）科技有限公司  ...  2019-12-03     6     8    7.0
         6  北京  北京斑马天下教育科技有限公司  ...  2019-12-03    10    20   15.0
         7  北京  深圳瑞银信信息技术有限公司   ...  2019-12-03    10    20   15.0
         8  北京  北京木瓜移动科技股份有限公司  ...  2019-12-03    15    25   20.0
         9  北京  北京京东世纪贸易有限公司     ...  2019-12-03    15    25   20.0
         [10 rows x 12 columns]
```

其次，以“城市”一列为分组依据，求 final_df 对象中“薪资平均值”一列数据的平均值，并将计算的结果转换成 int 类型，代码如下。

```
In  []:  companyNum = final_df.groupby('城市')['薪资平均值'].mean().
             sort_values(ascending=False)
         companyNum = companyNum.astype(int)
```

最后，根据 companyNum 的索引和数据使用 pyecharts 库绘制一个柱形图，通过该图表反映不同城市数据分析师岗位的薪资水平情况，代码如下。

```
In  []:  company_values = companyNum.values.tolist()
         company_index = companyNum.index.tolist()
         # 绘制柱形图
         bar_demo2 = (
             Bar()
             # 添加x轴的数据、y轴的数据、系列名称
             .add_xaxis(company_index)
             .add_yaxis("",company_values)
             # 设置标题
             .set_global_opts(title_opts=opts.TitleOpts(
                 title='不同城市数据分析师岗位的薪资水平'),
                 xaxis_opts=opts.AxisOpts(
                      axislabel_opts=opts.LabelOpts(rotate=-15)),
                 visualmap_opts=opts.VisualMapOpts(max_=21),
                 yaxis_opts=opts.AxisOpts(name="薪资(K)",
         name_location="center", name_gap=30))
         )
         bar_demo2.render_notebook()
```

运行代码，绘制反映不同城市数据分析师岗位的薪资水平的图表，如图 8-7 所示。

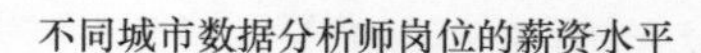

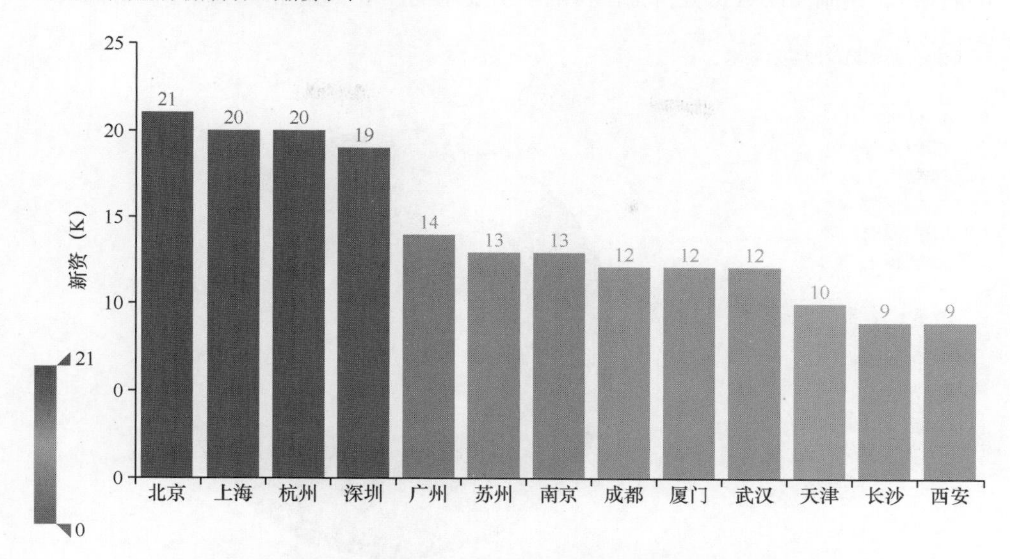

图 8-7　不同城市数据分析师岗位的薪资水平

由图 8-7 可知，北京市数据分析师岗位的平均薪资最高，大约为 21000（21K）元；上海市数据分析师岗位的平均薪资次之，大约为 20000（20K）元。

8.5.4　分析展现数据分析师岗位的学历要求

若希望了解数据分析师岗位的学历要求，需要了解不同学历的占比情况。为直观地看到数据分析师岗位的学历要求，这里会将统计的数据绘制成饼图，并将具体的比例值标注到饼图对应色块的旁边。

获取 final_df 对象中“学历”一列的数据，并统计该数据中唯一值的数量，根据求得的数量使用 pyecharts 库绘制一个饼图，通过该图表反映数据分析师岗位的学历要求情况，代码如下。

```
In  []:  # 数据分析师岗位对学历的要求占比
         education = final_df["学历"].value_counts()
         cut_index = education.index.tolist()
         cut_values = education.values.tolist()
         data_pair = [list(z) for z in zip(cut_index,cut_values)]
         # 绘制饼图
         pie_obj = (
             Pie(init_opts=opts.InitOpts(theme=ThemeType.ROMA))
             .add('', data_pair, radius=['35%', '70%'])
             .set_global_opts(title_opts=opts.TitleOpts(
                 title='数据分析师岗位的学历要求'),
                 legend_opts=opts.LegendOpts(orient='vertical',
                     pos_top='15%', pos_left='2%'))
             .set_series_opts(label_opts=opts.LabelOpts(formatter="{b}:{d}%"))
         )
         pie_obj.render_notebook()
```

运行代码，绘制反映数据分析师岗位的学历要求的图表，如图 8-8 所示。

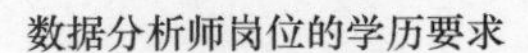

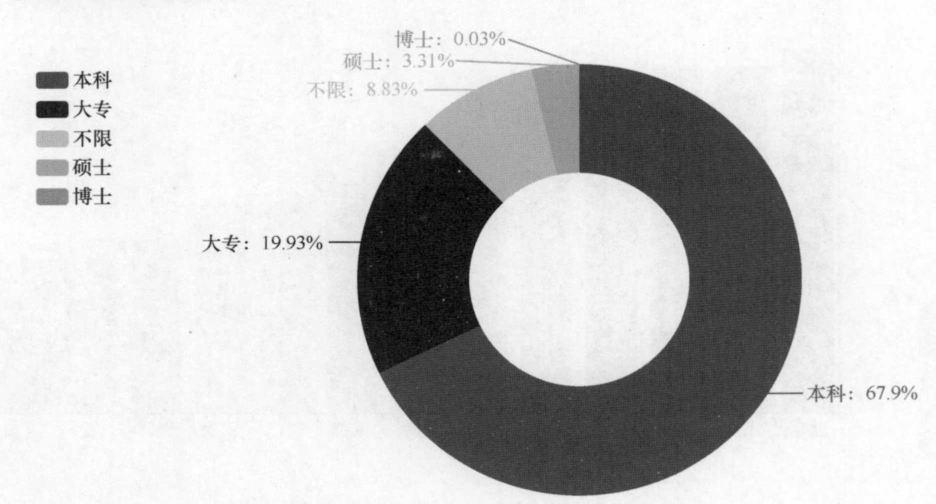

图 8-8 数据分析师岗位的学历要求

由图 8-8 可知，本科对应的色块所占的比例最大，说明数据分析师岗位对本科学历的需求较多；博士对应的色块所占的比例最小，说明数据分析师岗位对博士学历的需求较小。

8.6 本章小结

本章运用前面所讲的知识，开发了一个比较简单的数据分析项目——数据分析师岗位分析。通过本章的学习，希望读者能根据实际情况选用适当的数据预处理方式，具备使用 pandas 开发简单数据分析项目的能力。